JN097850

Mobility Economics

モビリティ・エコノミクス

ブロックチェーンが拓く新たな経済圏

伊藤忠総研上席主任研究員／MOBI理事
深尾三四郎
SANSHIRO FUKAO

MOBI共同創設者CEO
クリス・バリンジャー
CHRIS BALLINGER

日本経済新聞出版

"Coming together is a beginning; keeping together is progress;
working together is success."

一緒に集まることは出発点。一緒に居続けることは進歩。
そして、お互いの力を発揮し合えれば、成功である

Henry Ford（ヘンリー・フォード）

まえがき――クリス・バリンジャー

読者の多くの皆さまは、今や、毎日のようにブロックチェーンという言葉を新聞やメディアで見聞きしているかと思います。ブロックチェーンとは、取引データを多くのコンピューターが共有し、検証し合って正しい記録を蓄積する技術です。解読するのが極めて難しい暗号技術を利用しています。データが集まったブロック（塊）がチェーン（鎖）のように連なっているので、ブロックチェーンと名付けられました。

このようなかたちでデータの記録を蓄積していると、あるデータが書き換えられた場合、そのデータを含むブロックが後からつながるすべてのブロックに影響を及ぼします。その影響を排除するには、膨大なコストをかけて難解な暗号を解く必要があります。そうならないように、改ざんができないような方法でブロックチェーンはつくられています。事実上データの改ざんが不可能である、というのがブロックチェーンの最も重要な特長です。

また、管理者がいない分散型ネットワークとして機能する、という特性もあります。これらの特長を活かすことが様々な効果をもたらし、社会や産業のデジタルトランスフォーメーション(DX:デジタル技術を利用した変革)や、新しいビジネスの創造につながります。くわしくは本書で説明していきます。

2008年に突然、仮想通貨ビットコインの基盤技術として世に現れたこのブロックチェーンという新しい技術、そして新しい概念は、現在もすさまじいスピードで進化しています。そして、その発展の舞台は、フィンテックを中心とした金融領域から、他の産業へとグローバルなスケールで拡がっています。

中でも、世界経済に大きな影響力を持つ自動車産業において、ブロックチェーンへの注目度は極めて高いものがあります。本書は、私が有志とともに立ち上げた自動車業界の世界最大級のコンソーシアム(共同体)、モビリティ・オープン・ブロックチェーン・イニシアティブ(MOBI)での活動やディスカッションなどを基に、変革期を迎えている自動車産業がいかにしてブロックチェーン社会の到来を迎えようとしているのか、そして、ブロックチェーンが自動車に何をもたらすのかを説明します。

このまえがきにて、僭越ながら、「トヨタマン」としてブロックチェーンの黎明期を目の当たりにした私の自己紹介をし、MOBIの設立経緯などをご説明することで、今、自動車産業で起こっている大きなムーヴメントを皆さまにお伝えしたいと思います。

ブロックチェーンとの出会い

　だいぶ昔の話になりますが、私は1980年代の始めに、レーガン大統領の経済諮問委員会で国際貿易のエコノミストを務めた後、米カリフォルニア大学バークレー校（UC Berkeley：UCバークレー）で経済学の修士号を取得しました。

　当時は、デリバティブ（金融派生商品）やストラクチャードファイナンス（仕組み金融）の黎明期でしたが、UCバークレーを卒業した後、私はクレジットカード会社のプロビディアン（Providian Financial）や大手銀行バンク・オブ・アメリカ（Bank of America）で金融工学の専門家としてのキャリアを積みました。

　この経験が私の金融リスクマネジメントへの道を開き、トヨタ自動車の世界最大の子会社であった、金融サービス会社のトヨタモータークレジット（TMCC）にて、2008年から2017年まで最高財務責任者（CFO）を、また、トヨタファイナンシャルサービス（TFS）のグローバルイノベーション部門のトップを2014年から2017年まで務めるに至りました。

　そして、私のトヨタでの最後のキャリアは、シリコンバレーにあるトヨタ・リサーチ・インスティテュート（TRI）で、2017年から2018年までの間、CFOとモビリティサービス部門長を務めたことでした。TRIでは、自動運転開発や車のコネクテッド化が進む中で、新しいビジネスモデルや新しいMaaS(サービスとしてのモビリティ)を構築することが、私の仕事でした。

UCバークレー時代の経済学での学習課題のひとつに、「民間企業が通貨を発行するのは容易ではない」というものがありました。それは、民間企業が紙幣を印刷することや貨幣を製造することができない、ということではありません。民間の通貨発行者は秘密裏に供給量を増やすことで、通貨価値が低下してしまうため、民間企業が発行する通貨は信用力を持ち得ない、ということでした。

このような信用に関わる問題が存在する領域は、通貨よりも複数の関係者が存在するシステムの方が一般的です。実際のところ、この信用問題はデジタルの環境ではより深刻なものとなっています。なぜなら、デジタル社会では、偽造、詐欺、なりすましをするコストが低下するからです。

この問題はコンピューターサイエンスの世界では有名で、かつ、1980年頃から長きにわたって議論されてきたもので、「ビザンチン将軍問題(Byzantine Generals Problem)」と呼ばれています。

この問題の解決策のひとつを、2008年にサトシ・ナカモトがホワイトペーパーで明らかにしました。その解決策は、暗号技術と巧妙なインセンティブ設計、ゲーム理論を駆使して編み出されたもので、それを実践したのがビットコインでした。ビットコインは、民間人が創造し、前述の信用問題を解決した初めての通貨です。一般的に、サトシ・ナカモトのソリューションは、財やサービスまたはデータに至るまで、非中央集権的・分散型システムにおける、いかなる価値の交換にも適用することができます。

私はこのアイデアに強い興味を抱きました。そして、このアイデアについて深く考え、より学ぶほど、様々なユースケース（活用事例）が思い浮かび、私の中の衝撃はより大きなものとなりました。ブロックチェーン、より一般的には分散台帳技術（Distributed Ledger Technology：DLT）は、デジタルツイン（デジタルの双子）、マイクロペイメント（少額決済）、信頼性の高い公的データの共有（Trusted Shared Public Data）、プライベートデータの保護（Protection of Personal and Company private Data）などを可能にします。

時が経つにつれ、ブロックチェーンが、かつてのコンピューターやインターネットの出現と同様に、重大かつ破壊的な力を持つものになると、私は確信しました。さらに、まさに今自動車そのものに訪れているのと同じく、ブロックチェーンがモビリティに対しても、破壊的なインパクトをもたらすことも確信しました。

IoTのノードと化した車

それはなぜでしょうか。その理由を理解するため、私たちはまず、今のモビリティにどのような破壊的な変化や新しいトレンドが訪れているかを理解する必要があります。

まず、最近の車はスマートフォンとつながり、そして車内もインターネットでつながっています。新しいセンサーや車内コンピューターの導入に伴い、コネクテッドカー（つながる車）はＩｏＴ（Internet of Things：モノのインターネット）におけるノード、すなわちコンピューターネットワーク上の端末装置に変わりました。

ＩｏＴは、車に関わる財やサービスを個人所有からＭａａＳにスイッチさせることを加速させ、利用量に基づいたモビリティ消費を促します。センサーを介したデータ接続とコンピューターの導入により、車は、機械学習と人工知能（ＡＩ）にとって、価値あるプラットフォームになったことも意味します。

ブロックチェーンは、モノが機密性の高いアイデンティティを持つことと、サイバー空間上にデジタルツインを創造することを可能にし、デジタル空間上で実現される効率性を実世界に拡げることができます。ブロックチェーン、ＩｏＴ、ＡＩの集合は、人やモノや車であろうと、すべてのエンティティ（存在物）が安全なデジタルアイデンティティ（デジタルＩＤ）を有し、インテリジェント化し、お互いが自律的に取引を実行することを可能にします。

車の自律型決済、サプライチェーン管理の進化、モビリティデータ共有の効率化を実現

この数年間、自動運転開発のために、数十億ドルもの資金が投じられました。しかし、真の自動運転（人間が一切関わらない完全自動運転のレベル５）の実現は、依然として遠い未来の話です。

自動運転車の実現よりもだいぶ前に、車は他のことを自律的に行い、自動運転車よりもインパクトが大きく、ひいては破壊的な変化をもたらします。それは、自律型決済（Autonomous Payments）です。現在すでに、自律型決済を実現する技術は揃っており、半導体チップ、センサー、そしてコネクテッドカーがあります。

そして、ブロックチェーンは、車両に機密がしっかりしたデジタルＩＤを付与する技術です。ＭＯＢＩコミュニティで呼ぶ「新しい移動経済（The New Economy of Movement）」では、人とインフラ、車両が自律的に取引や決済を行い、サービスを提供し、データを交換します。

これらの自律型取引は、最終的には、使った分だけ支払う方式（Pay-As-You-Go）で、排ガスや渋滞といった社会的費用のドライバー負担、道路利用、保険、給油などの様々な移動サービスの支払いを網羅します。

モビリティサービス以外では、ブロックチェーンはサプライチェーン管理における効率化を促します。そこでは、部品それぞれがデジタルＩＤを有していることで、製造・組立工程のシームレスなトラッキング（追跡）、不良工程のトレース（解明）、模造品混入の排除、輸入取引の効率化が可能となります。このような車両や部品のＩＤのデジタル化は、モビリティデータにも適用でき、ピア・ツー・ピア（Ｐ２Ｐ）でのデータ共有やビジネス協業のより高い効率性を実現します。

ブロックチェーンはチームスポーツ

昨今の目覚ましい技術進化にあって、とりわけ、ここ数年の自動運転開発などのハイプ（誇大広告）の中、なぜブロックチェーンが製造、モビリティ、ビジネス協業などで広く活用されていないか、という明確な疑問が浮かび上がります。

その答えは、ブロックチェーン技術の黎明期に、我々が経験したことに見出すことができます。２０１７年2月、私はＴＲＩで、ＴＲＩのエンジニアとブロックチェーン業界の先駆者たちを集めたミーティングを開催しました。その後、TRIは、様々なブロックチェーンのユースケースをテーマに実証実験（Proof of Concept：PoC）を行いました。

それらのテーマには、ライド・カーシェアリング、テレマティクス保険（UBI）、自動運転・機械学習におけるデータ共有、カーウォレット、デジタル車両IDが含まれました。2017年5月、私を含むTRIのメンバーは、世界最大のブロックチェーンイベント「コンセンサス（Consensus）」でそれらPoCを発表したところ、数多くのメディアがポジティブなトーンで取り上げました。

その結果、他の自動車メーカーのエンジニアから、「自社も同様のPoCを実施している」とか、「私たちもブロックチェーン技術の商業化、ビジネス実装、商品化で壁にぶち当たっている」といった声が多く寄せられました。その時、私たちすべてが、このような認識を同時に抱いていました。ブロックチェーン技術が巨大な潜在性を秘めている一方、商業化に向けて数多くの作業をこなしていかなければならない、ということです。

難しい問題は、車両、部品、取引、一部の交通インフラをブロックチェーンにのせるということではありませんでした――私たちが成功したPoCでは、そのことが比較的容易であることを証明しました。その代わり、実に難しいのはスケーリング（規模の問題）であるということと、私たちが挑戦している次世代モビリティの追求において、ブロックチェーンは技術導入が始まり勢いを増すティッピングポイント（転換点）に到達していることがわかりました。

モビリティにおけるブロックチェーンの本格導入を前に、私たちは、車や道路、モビリティサービスが自らを識別（identify）し、自律的にデータをやり取りし、支払いを実行する方法に関しての基準で構成された、まったく新しい知的枠組みを構築する必要がありました。

つまるところ、私たちは、実用最小限の製品（Minimum Viable Product：MVP）を作成するだけでなく、実用最小限のコミュニティ（Minimum Viable Community：MVC）を創る必要があったのです。ブロックチェーン導入のカギは技術というよりも、コミュニティの形成にあるということがわかりました。

ハイパーレッジャー（Hyperledger）のエグゼクティブディレクターで、MOBIの顧問でもあるブライアン・ベーレンドルフ氏（Brian Behlendorf）は、よくこう言います。「ブロックチェーンはチームスポーツだ」と。

MITでの有志会合を経てMOBIが誕生

2017年9月、実験の初期段階にあった私たちの小さなグループは、米マサチューセッツ工科大学（MIT）のメディアラボ（MIT Media Labs）によるデジタル通貨イニシアティブ（Digital Currency Initiative）というスポンサーのもと、同大学で初めての会合を行いました。

この小さなグループは、トヨタと他自動車メーカー6社の担当者、いくつかのブロックチェーンスタートアップ、MITメディアラボのファシリテーター数名で構成されていました。そこで私たちは、コミュニティを形成することに価値があることを確認しました。

そしてその後、数回の会合を経て、私たちの考えや取り組みを体系化し、その努力を指揮する目的で、非営利団体（NPO）としてのコンソーシアムを立ち上げることに全員が合意しました。このイニシアティブが私にとってはとても興味深いことだったので、この組織の初代CEOにボランティアで就くことを決意しました。

その数カ月後、私はTRIを退職し、2018年5月2日にMOBIの設立を公に発表しました。設立時のMOBIは35の会員組織で構成され、多くのグローバル自動車メーカー、ブロックチェーンスタートアップ、テック企業、公的機関、非政府組織（NGO）がメンバーとなりました。

MOBIは、ブロックチェーンと関連技術を活用して、人とモノの輸送をより環境に優しく、より効率的で、より手ごろな価格にすることを目指す、メンバー主導のコンソーシアムです。研究や教育の実施、イノベーションプラットフォームの形成、国際会議（コロキアム：Colloquium）の実施、ワーキンググループ（分科会）の組成を通じて、MOBIはスマートモビリティにおけるブロックチェーン導入のための高い業界標準を作成し、促進しています。

MOBIのコミュニティは創設以来、アジア、欧州、南北アメリカにほぼ均等に拡がり、100以上の会員組織から成る大きなコンソーシアムとなりました。コロナ渦にあっても、コミュニティの拡大は衰えることなく、最近では、日立製作所や米アマゾン・ウェブ・サービス（AWS）など、グローバル企業の参画が相次いでいます。MOBIが急速に成長しているのは、自動車産業において、ブロックチェーン技術に対する関心が極めて高いことと、どんなに大きな会社であっても、必要なコミュニティを構築するのに十分な大きさではないという認識がある、ということの証左です。

これまでのマイルストーン

創設時から2年あまりを経て、MOBIはブロックチェーンを利用した車両ID（VID）の技術標準を発表し、6つの分科会を立ち上げました。それら分科会のテーマは、VIDに加えて、サプライチェーン（Supply Chain：SC）、コネクテッドカーのデータマーケットプレイス（Connected Mobility & Data Marketplace：ＣＭＤＭ）、電気自動車（ＥＶ）と電力グリッドの融合（EV to Grid Integration：ＥＶＧＩ）、利用ベース自動車保険（Usage-Based Insurance：ＵＢＩ）、金融・証券化・スマートコントラクト（Finance, Securitization and Smart Contracts：ＦＳＳＣ）と多岐にわたります。

それぞれの分科会では、会員企業の専門家が座長・副座長を務め、技術標準の作成と、特定ユースケースにおけるビジネス実装を可能とさせるデータフレームワーク（枠組み）の構築を目標にして、活発な活動が行われています。これら分科会で取り上げられているユースケースは、本書でご紹介します。

また、教育イベントとして、ＭＯＢＩコロキアム（国際会議）を全世界で実施し、ＳＮＳを中心に会員組織によるレクチャーも一般向けに発信しています。加えて、会員組織に対しては、技術トピックや会員が関心を持つテーマについて調査報告書も作成・提供しています。

２０２０年６月、会員組織がプロダクト開発のためのデータ共有と協業を促進することを目的に、分科会が開発したＶＩＤの技術標準をベースにした、オープンモビリティネットワーク（Open Mobility Network：ＯＭＮ）という名の共有型データレイヤー（Shared Data Layer）を立ち上げました。

そして、MOBIコミュニティは、ブロックチェーンを利用した、オープンなデータマーケットプレイス（データ取引市場）のプラットフォームである「サイトピア（Citopia）」を開発しました。サイトピアは、コネクテッドカーが走るモビリティのエコシステム（生態系）に集う、すべての関係者が活用できる分散型アプリケーション（dApps：ブロックチェーンを活用したアプリ）です。サイトピアを活用することで、都市（自治体）や交通インフラの管理者は、渋滞や排ガスなどの社会的費用を回収するための料金を素早く計算し、ドライバーから徴収することができます。また、より環境に優しく、より効率的な移動を実践するユーザーにはトークン（暗号資産）を与えるという、インセンティブ設計も可能です。

モビリティと自動車産業の持続可能性を追求

私はMOBIの多くのイニシアティブが本書で取り上げられることに、誇りを感じます。なぜなら、この本は日本のみならず、アジアの読者にも届くことで、MOBIコミュニティのアイデアや思いを広く知ってもらえる可能性があるからです。また、この機会を活用して、ブロックチェーンについて自動車アナリストの深尾三四郎さんと私がこれまで探求し、学んできたことを読者の皆さまとシェアすることで、より環境に優しく、より効率的で、そして、より身近なモビリティの実現を一緒に追求していきたいと思います。

2019年2月、ドイツ・ミュンヘンでMOBIのコロキアムを開催した時、深尾さんと初めて会いました。実はそれ以前から、深尾さんとはSNSやEメールで数多くの情報交換やディスカッションをしていました。深尾さんが2018年に出版した前作『モビリティ2・0』にて、私とMOBIを取り上げたことを、トヨタの友人が教えてくれたため、リンクトイン・ネットワークに深尾さんを招待しました。それが始まりでした。

友人として気が合うのは、深尾さんも私も大学時代に経済学を専攻したという共通したバックグラウンドを持ち、本書でも取り上げる、取引コストや情報の非対称性、コモンズの悲劇といった経済学の重要論点から、モビリティ・自動車産業におけるブロックチェーンの有効性を追究していることが背景にあります。

加えて、さらに重要なことですが、他に私と深尾さんとの間で共通するものとしては、自動車を所有・利用できない全世界の90%以上の人々を包摂するような、サステイナブルなモビリティ社会を実現することに、ブロックチェーンが貢献すると信じていることです。

また、ブロックチェーンの活用で「富の分散」を進め、いわゆるGAFAを代表とするデータアグリゲーター（データ集積者）にモビリティビジネスの付加価値が過度に偏ることを是正し、従来の自動車メーカー、部品メーカーや流通業者が付加価値を取り戻すことによって、自動車産業全体の持続可能性を改善させたいとも考えています。このような共通の考えを持っていることから、私は、深尾さんにとって2冊目となるこの本で、コラボレーションすることに喜んで賛同しました。

自動車アナリストとして世界の自動車産業の動向に精通し、特に欧州とアジアでの広範な人的ネットワークがある深尾さんには、2019年、MOBIの顧問（Advisor）に就任していただきました。2020年からは、理事会の決議によって、理事（Board of Director）を務めていただいています。とりわけ、アジアでのネットワーク拡大やさらなるユースケースの探索に関して、MOBIの経営に助言いただいていますが、ブロックチェーン社会においても発展が著しいアジアに関する最新情報や知見を、この出版プロジェクトで読者の皆さまと共有できるのは、とてもエキサイティングなことでもあります。

日本へのメッセージ

私は、この本がまず日本で出版されることに喜びを感じます。それは、MOBIにおける私たちの取り組みが、日本の製造業や自動車メーカーのルネッサンス（再興）に貢献し得るものだからです。耕作地やミネラル、天然資源の自給量が減り続ける日本は、何か他のモノ・コトでの特化（Specialization）に注力しなければなりません。これは、新しいデータエコノミーでの発展において必須です。

ＩｏＴ、エッジコンピューティング、機械学習のための共有型データ構造、協調型ビジネスエコシステムの台頭により、シリコンバレーの巨大テック企業が有するビジネス優位性の多くは失われ、それらのいくつかは自らの活動の障害となるでしょう。

21世紀の最初の20年間は、独占的なデータ保持とアルゴリズムが企業成長のドライバーとなり、莫大な富が生まれ、データ独占者が世界のトップ企業として君臨しました。私はそれを現場で目の当たりにしました。しかし、オープンなシステム、Ｐ2Ｐ取引、協調型ビジネスネットワークで特徴づけられるこれからの世界では、過去20年間に見られたことは続かないでしょう。

新型コロナウィルスのパンデミックは、デジタルで分散型のビジネス取引への移行を加速させます。今日の経済は、銀行、エスクロー、会計、法律、アービトレーション（仲裁・調停）といった、広範で割高な中間業者（Middleman）のサービスを必要とします。市場経済を機能させるために、これらのサービスは不可欠である一方で、機械同士が取引を行うＭ2Ｍ経済（Machine-to-Machine Economy）では、これらは対応できません。

ブロックチェーンの主な特長は、安全なアイデンティティ基盤、認証、データの透明性を提供することで、デジタルで分散型の世界において、信用の構築を十分にサポートする潜在力にあります。日本は、この新しい世界で競争し、成功するために、独特な良い位置付けにあり、文化的に恵まれています。本書の最終章にて、具体的にそのことを提言とともにお伝えします。

それでは、本題に入りましょう。

私たちは、これからの社会の新しい概念であるブロックチェーンを採り入れ、ボーダーレスなコンソーシアムとして、新しい経済圏を構築しながら、次世代モビリティでいかにコミュニティを良くし、そして、いかに人々を豊かにするかを追究しています。この本をモビリティ「エコノミクス」と題したのは、こういう理由からです。

もう1つ、「エコノミクス」とした理由があります。それは、私の母校UCバークレーや深尾さんの母校である英LSEで生まれた経済学の重要論点を、わかりやすい説明とともに散りばめていることにあります。ブロックチェーンは、長きにわたって議論されてきた、これら経済論点の解決に向けた糸口になる、ということをお伝えします。このように、ユニークな切り口で、話を展開していきます。

ブロックチェーンに関する書籍は、すでに数多く出版されていますが、難しい暗号技術や仕組みについて書かれているものがほとんどです。身近なテーマとしての経済学と、身近な産業であるモビリティを取り上げるこの本を、ブロックチェーンという言葉に初めて触れる多くの方々にも、読んでいただけたらと思います。

この本をきっかけに、ブロックチェーンを活用した次世代モビリティの進化、スマートシティの構築、そして、規模の大小問わず、様々な社会・コミュニティの持続可能な発展を、皆さまと一緒に追求していきたいと思います。

2020年8月13日　米ロサンゼルスの自宅にて

クリス・バリンジャー

モビリティ・エコノミクス　目次

まえがき――クリス・バリンジャー　003

プロローグ　スマートシティの構築と持続可能な発展を促すブロックチェーンモビリティ　029

第1章　規模の不経済性に陥る自動車メーカー

1　世界の自動車生産台数はもう増えない　044

2　取引コストの増大が規模の不経済性の主因　047

3 「儲かりMaaS」にはブロックチェーンが必要 053
4 ブロックチェーンの社会実装を急ぐ世界自動車産業 058

第2章

自動車産業にもウェブ3.0時代の到来

1 5Gがもたらすブロックチェーン社会 064
2 デジタルツインの基盤技術はブロックチェーン 069
3 デジタルツインがMaaS、CASEの収益化をもたらす 073
4 ブロックチェーンがシティをスマートにする 078

第3章 ブロックチェーン、500年に一度の革命

1 簿記革命と情報革命 086
2 SDGs達成を加速させるブロックチェーン 097
3 ブロックチェーン革命を知る上でのキーワード 115
コラム——ブロックチェーンの技術概要 129

第4章 サプライチェーンのレジリエンスを高める

1 コロナショックはサプライチェーンショック 138

2 隠れた技あり中小企業に活躍のチャンス 144
3 持続可能な生産と倫理的な消費を実現する 151
4 3Dプリンターを活用したウェブ3・0企業は誕生間近 160

第5章

EVはコネクテッドカーからコネクテッドバッテリーへ

1 社会インフラとしての価値が高まるEV 170
2 スマートシティとスマートグリッドで不可欠なEV 175
3 車載電池のライフサイクルマネジメントを強化する 182

第6章
レモンをピーチに自動車流通の進化が加速

1 情報の非対称性を解消　保険が変わる 192

2 中古車市場の健全化と新徴税システムの構築 200

3 完全オンライン化　モーターショーから新車の「置き配」まで 210

第7章
「コモンズの悲劇」を解決するデータマーケットプレイス

1 人間中心のインセンティブデザインで公害を減らす 226

2 走りながら稼ぐ車
——モビリティのデータマーケットプレイスの創造 239

3 新しい「移動経済」の創造
——スマートシティと循環型経済の実現を追求 246

第8章 スマートシティの構築と地域経済の活性化

1 全域で導入プロジェクトを推進する欧州 260

2 ブロックチェーン強国を目指す中国 269

3 ブロックチェーンのハブを狙う台湾 273

4 アジア各国で進むブロックチェーンモビリティ 276
5 スモール・イズ・ビューティフル　日本への提言 279

対談
ブロックチェーン×DXで新たな「日本モデル」を
クリス・バリンジャー／深尾三四郎 292

あとがき――深尾三四郎 318

参考文献／注釈 341

プロローグ

スマートシティの構築と持続可能な発展を促すブロックチェーンモビリティ

取引コストの増大とモビリティの汎用化により、規模の不経済性に直面

新型コロナウィルスのパンデミック（大流行）が始まる前から、世界の自動車産業は、増産しても利益が減るという苦しい状況に置かれている。いわゆる「規模の不経済性（Diseconomies of Scale）」に陥っているのは、品質関連費用、販売奨励金、電動化や自動運転など次世代技術に向けた研究開発費といった、取引コストの増大が背景にある。また、シェアリングサービスの拡大でモビリティがより身近になったことや若者のクルマ離れが、自動車価格への下押し圧力になっていることも、この苦境に拍車をかけている。

規模の不経済性により、一部の自動車メーカーは生産能力の削減を始めており、ひいては工場閉鎖も余儀なくされている会社もでてきている。世界の自動車生産台数は2019年に減少傾向に入った。これは、一時的ではなく、構造的なものである。世界の自動車生産台数は、パンデミック前の水準に戻ることはないだろう。自動車関連企業は、これまでの経験則を基にビジネスをするだけでは、この難局で生き残ることはできない。

持続可能性の低いCASEとMaaS

モビリティは従来の人やモノに加えて、データも運ぶようになった。それにより、自動

車産業にはデジタル化の波が一気に押し寄せ、2016年には「CASE（コネクテッド、自動運転、シェアリング、電動化）」という言葉が生まれた。自動車の次世代技術の新たな潮流を表すものだが、これまでとはまったく違った土俵に立たされ、「100年に一度の大変革」を訴える自動車メーカーの経営者が出始めた。また、次世代モビリティを活用したMaaSの実現に向けても、世界各地で実証実験や社会実装が行われている。

しかし、これまでのところ、CASEにしてもMaaSにしても、持続可能性の高いものはあまり見当たらない。なぜなら、いずれも事業継続のための十分な利益を出していないからだ。

CASEに関しては、事業の付加価値が、既存の自動車関連企業よりも、テック企業やIT企業などを中心としたデータアグリゲーターに移行しており、これら新規参入者が入り乱れていることで、競争激化による収益性の低下が続いている。

MaaSは、往々にして、すでに低収益な複数のモーダル（移動手段）をつなげて、その薄いマージンをモーダル間でスウォップ（交換）するようなものが多い。そして、新システム導入前に比べて、利用者を増やすか客単価を上げるといった、売上創造の仕組みを編み出すビジネスセンスが必要なのだが、そのハードルが極めて高い。

取引コストの削減と新しい社会基盤の構築に欠かせないブロックチェーン

モビリティを持続可能なものにするためには、これからはブロックチェーンが必要となる。なぜなら、ブロックチェーンの活用は、様々な取引コストの回避または大幅な削減を可能にさせるからだ。それは、次世代ビジネスのみならず、既存事業の収益改善にもつながり、規模の不経済性に対する重要な解決策となる。

また、ブロックチェーンは、コスト削減ツールになるだけではなく、新たな価値を生み出す技術でもある。

ブロックチェーンを活用すると、このようなモビリティが実現する。コネクテッドカーは、都市のモビリティエコシステムにとってメリットのあるデータを、M2Mでその都市に自律的に提供する。このようなコネクテッドカーは、データ提供に対するトークン（ご褒美）として、仮想通貨（以下、暗号資産）をもらうことができる。車は走りながら、あらかじめ決められたルールや範囲の中でデータを自律的に売買するようになるので、おサイフと化した車の価値は向上する。

また都市は、EVの利用やより多くの旅客を相乗りさせるサービスといった、管轄するコミュニティにおいて望ましい方法でモビリティを利用・提供する行為に対しても、トークンを与えることができる。コミュニティが良くなるようなモビリティ利用を、多額のインフラ投資を行わずに、ユーザーの行動様式を変えるだけで実現することが可能となる。結果として、都市は渋滞や事故の削減のための交通インフラ投資を、効率化させることができるのである。

車は走ったところで走った分だけ、直接かつ自律的に暗号資産で道路利用料を支払うことが可能になる。より具体的には、ブロックチェーンの活用で、車はスマートコントラクト（契約の自動執行）を行い、インフラに対してM2Mで、マイクロペイメントによる決済を完結する。公共財であるインフラを管轄する国・自治体の立場からすると、車から細かくまた適切に、利用量・走行距離に見合った道路利用料を徴収することができる。

世界的な電動化・脱炭素のトレンドを背景に、多くの国や都市がガソリン税収（Gas Tax Revenues）を中心に道路財源の縮小に苦しむ中においては、持続可能なモビリティ社会を構築する上で、ブロックチェーンは欠かせない社会基盤となる。

「100年に一度」から「500年に一度」へ

ブロックチェーンは、およそ500年前から続く取引の記録方法と信頼のプロトコル（仕組み）を根底から覆すものであり、複式簿記と活版印刷が誕生して以来の、簿記革命と情報革命をもたらしている。ブロックチェーンは暗号資産であるビットコインの基盤技術として世に現れたが、その適用技術は金融領域から非金融領域へと急速に拡大している。

今や日本でも、毎日のようにブロックチェーンのニュースを見るようになったが、中でも、世界的に注目されているのは自動車産業での取り組みである。自動車産業は、世界の隅々までサプライチェーンとバリューチェーンが張り巡らされた真のグローバル産業であり、持続可能な開発やスマートシティ構築などの国際的なテーマにおいても、中心的な存在であることは言うまでもない。その自動車産業に、ブロックチェーンを含むインターネット社会の技術革新、いわゆる「ウェブ3・0」の波が押し寄せている。

SDGs達成を加速させ、スマートシティの基盤技術となるブロックチェーン

今や全世界の共通目標となった、持続可能な開発目標（SDGs）の達成にブロックチェーンは不可欠である。なぜならブロックチェーンは、SDGsの最重要課題である「ソーシャルインクルージョン（社会的包摂）」を実現するために必要であるからだ。

インターネットはすべての人々に豊かさをもたらしていない。「データは新しい石油（Data is the New Oil）」と言われる昨今、インターネットの活用でデータが生み出す価値を享受し富を蓄積する者と、そうでない者との間で、貧富の格差は拡がっている。このよ

うな、いわゆるデジタルデバイド（デジタル格差）の解決策として、富を分散させる仕組みである、ブロックチェーンに世界中が注目しているのである。

世界中の都市が構築を目指すスマートシティにおいて、その基盤技術になるのがブロックチェーンである。ＩｏＴ、ＡＩ、次世代通信規格５Ｇを活用した、より安全で便利な未来型都市であるスマートシティを創るためには、サイバー空間上に都市または地域コミュニティのデジタルツインを生成する、というのが世界的なトレンドとなる。

スマートシティの構成要素である人、そして車両やインフラといったモノのデジタルツインが、複製や改ざんされることなく、様々な取引を行う際の価値の交換をするため、ブロックチェーンと暗号資産が必要である。

昨今、自動車産業における重要なテーマも、まさにこのＳＤＧｓの達成とスマートシティの構築となっている。本書を読み進めると、そのイメージがよりわかりやすくなるが、これからは、モビリティビジネスや公共交通政策をマネジメントする上で、ＳＤＧｓの達成とスマートシティの構築に貢献するため、ブロックチェーンを活用しながら、「誰も取り残されない」ような社会的包摂の実現と、地域コミュニティの活性化につながる新しいサービスを効率的にデザインすることが重要となる。

「ウィズコロナ」を生き抜くためのツール

新型コロナウィルスのパンデミックが、ブロックチェーン活用の経済的・社会的な意義を高めている。

ビジネスの世界では、コロナショックはサプライチェーンショックであった。すなわち、グローバル化の進展でサプライチェーンが複雑化しているが、その上流に存在する中堅・中小企業の復旧状況を正確に把握できないことから、危機後の事業復元に予想外の時間と労力を費やさなければならない事態となっている。ブロックチェーンはサプライチェーンのトレーサビリティ（追跡可能性）を構築し、危機直後のレジリエンス（危機耐性、復元力）を高めるための技術として、その重要性が今まで以上に高まっている。

そして、ウィズコロナ時代の公共サービスも含めたモビリティビジネスの経営では、ソーシャルディスタンスの中で新しい信頼の仕組みを構築しながら、従来のSDGs達成に向けたソーシャルインクルージョンの実現を同時に追求するという、難しいかじ取りが必要となる。未知なる世界が訪れることへの不安感と、多くのものがパンデミック前の状況には戻らないことへの寂寥感を覚えるのは、筆者だけではないだろう。

もっとも、生活がリセットされた状況で、今一度、地域コミュニティの提供価値（Value

Proposition）は何かを再認識・再定義し、持続可能な地域社会・経済をどう構築していくかをより深く考えるチャンスが訪れたとも言える。

これまで信用のお墨付きを与えてきた「中央」に依存しなくても、共通の想いや目的・目標を持った人々が、相互信頼を基にした価値（暗号資産）を流通し、その価値の元となる個の能力（データ）を各々が任意で提供しながら、コミュニティ全体がより良い方向に向かうことを追求する。これがブロックチェーン社会の姿であるが、地域社会・経済の活性化を考える上で、ウィズコロナ時代の今にこそふさわしい、新しいコミュニティ社会の姿であるとも言える。

500年前の欧州では、ルネッサンスが花開いた。それはペスト（黒死病）のパンデミックが終息した直後のことで、それまでの既得概念を打ち破るべく、様々なイノベーションが創造され、新しい秩序が生まれた。奇しくも、今、我々が目の前にしている新型コロナウイルスの蔓延（まんえん）、そしてブロックチェーン社会の拡がりは、当時の大変革期の状況に似ている。

本書で伝えたいこと

規模の不経済性に直面した自動車産業において、CASEやMaaSの収益性を改善し、グローバルで持続可能な発展を推進するためには、ブロックチェーンが必要である。新型コロナウィルスのパンデミックは、ブロックチェーン社会の本格到来を早めるだろう。

ニューノーマル（新常態）時代のモビリティにおける重要なポイントは、これまでのモノ（車両や部品）を動かすことから価値を動かすことへと、抜本的に発想を転換させることである。そして、価値の源泉は地域データにある。価値を顧客・ユーザー側から読むとどうなるかという視点で、地域データの強み・提供価値を再定義する。そのうえで、ブロックチェーンを活用しながら、地域に根差した豊富かつ固有性（アイデンティティ）の高い価値をインターネット化する。これによって、サプライチェーンのレジリエンスと、次世代モビリティの収益性・持続可能性が高まり、地域経済の活性化やサーキュラーエコノミー（循環型経済）の構築も実現することができる。

次に、大まかな本書の流れを説明する。

まず、自動車産業が取引コストの増大で規模の不経済性に陥り、世界の自動車生産台数がもう増えない現状に触れた上で、ＣＡＳＥとＭａａＳの収益性改善を目的に、世界の自動車関連企業がブロックチェーンの社会実装を急いでいることを説明する（第1章）。

次世代通信規格5Gの普及を背景に、インターネット社会の技術革新が「ウェブ3・0」

時代を迎えていることを解説し、ブロックチェーンがデジタルツインの基盤技術であり、このデジタルツインがCASEやMaaSの収益化、そしてスマートシティの構築に欠かせない、ということを解説する（第2章）。

その後に、ブロックチェーンの登場の背景、そのインパクト、SDGs達成に向けたブロックチェーンの役割や重要性の説明に加え、ブロックチェーンを知る上でのキーワードや主要技術の概要を紹介し（第3章）、第4章以降で、モビリティにおけるブロックチェーン活用のユースケースを紹介する。

モビリティ以外の領域も含めた、ブロックチェーンのユースケースマップを図表序-1で示す。ブロックチェーンは暗号資産のビットコインの基盤技術として誕生した「ブロックチェーン1・0」の時代から、金融領域における暗号資産以外への応用が拡がった「ブロックチェーン2・0」時代を経て、現在は、非金融領域での社会実装を目指す「ブロックチェーン3・0」時代を迎えている。

本書で紹介するモビリティでのユースケースとして、サプライチェーン管理（第4章）、EVと電力グリッドの融合（第5章）、UBIと中古車流通（第6章）にフォーカスし、第7章ではモビリティのデータマーケットプレイスを取り上げる。

そして、第8章では、ブロックチェーン社会の発展に向けた世界主要地域・国の戦略やス

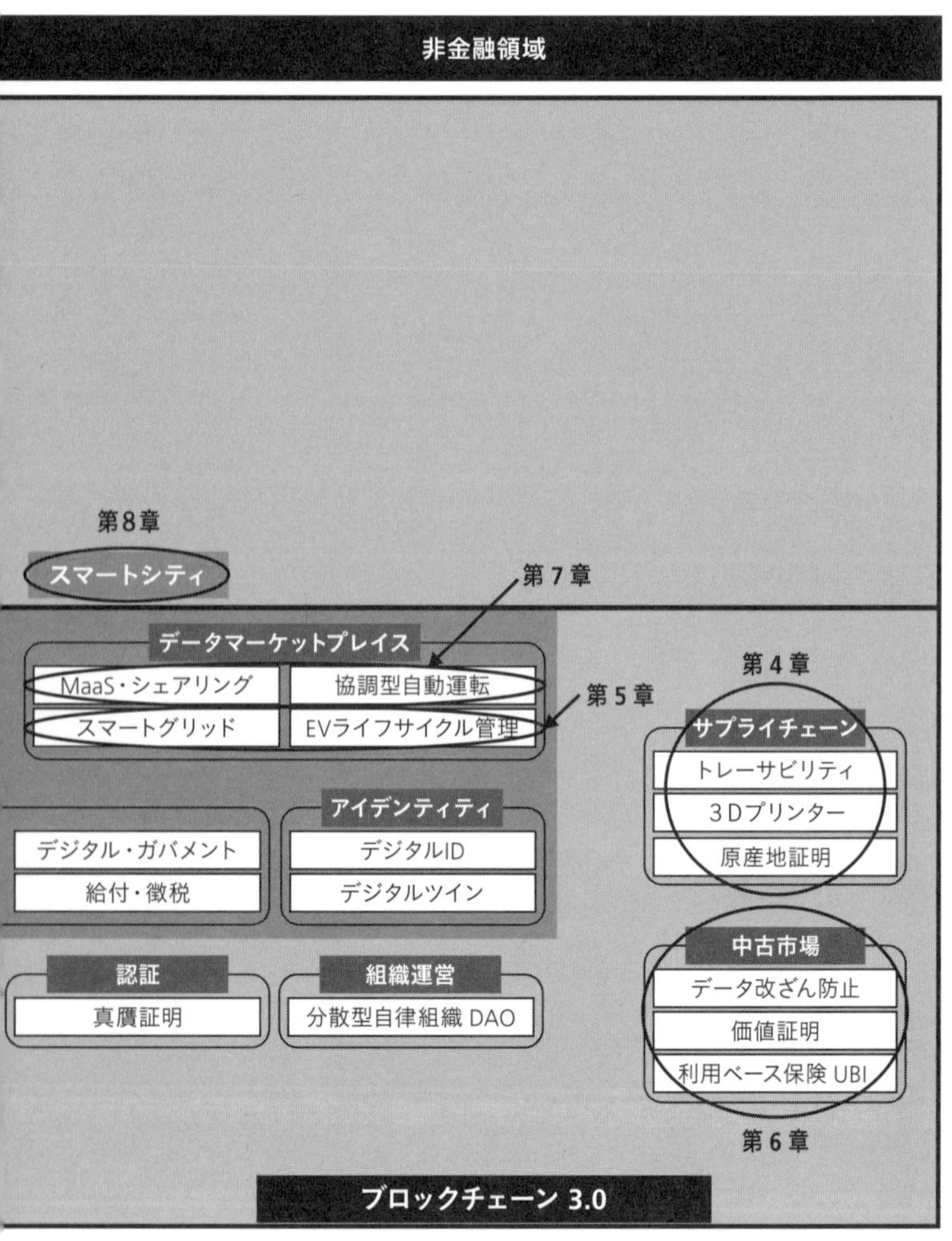
非金融領域
第8章
スマートシティ
第7章
データマーケットプレイス
MaaS・シェアリング
協調型自動運転
第5章
スマートグリッド
EVライフサイクル管理
第4章
サプライチェーン
トレーサビリティ
3Dプリンター
原産地証明
デジタル・ガバメント
給付・徴税
アイデンティティ
デジタルID
デジタルツイン
中古市場
データ改ざん防止
価値証明
利用ベース保険 UBI
第6章
認証
真贋証明
組織運営
分散型自律組織 DAO
ブロックチェーン 3.0

図表序-1　ブロックチェーンのユースケースマップ

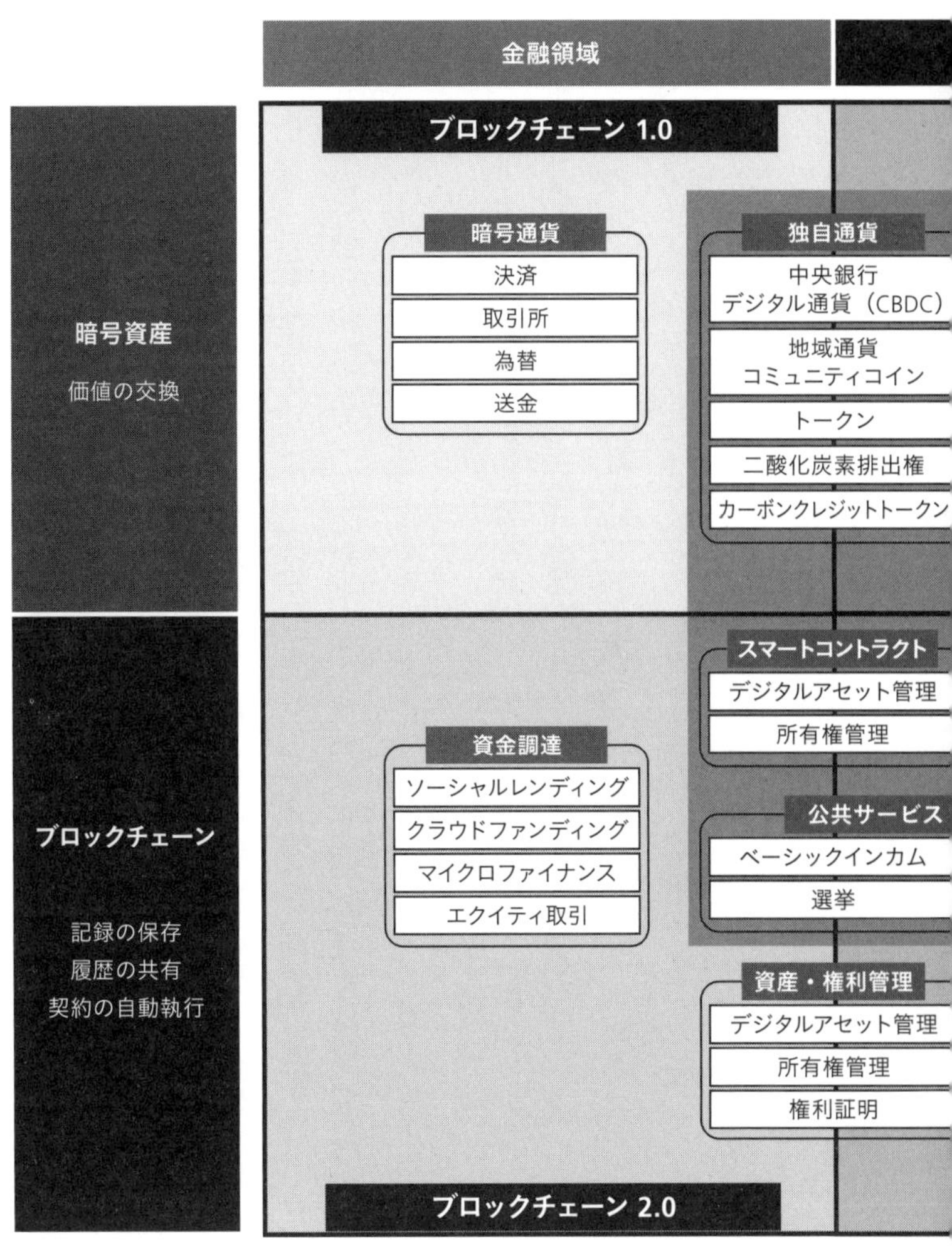

出所：筆者作成

マートシティ構築への取り組みを紹介し、最後に、日本と日本自動車産業への提言で締めくくる。

なお、ブロックチェーンは新聞・メディア等で「ブロックチェーン（分散台帳技術）」と表記されることが多い。これはやや不正確である。実は、２００８年に生まれた新しい技術であるブロックチェーンの定義は、専門家によって様々であるが、ブロックチェーン技術と分散台帳技術（Distributed Ledger Technology：ＤＬＴ）の包含関係としては、ブロックチェーン技術は分散台帳技術の一種である。マーケティングの観点からはいずれも「ブロックチェーン」と呼ばれることが多いため、本書でも便宜上、「ブロックチェーン」に統一する。

また、ビットコインを代表とする仮想通貨を、本書では、海外で一般的な言葉となっている「Crypto Assets」に合わせ、「暗号資産」と呼ぶことにする。なお日本では、２０２０年5月1日に改正資金決済法及び改正金融商品取引法の施行により、仮想通貨を暗号資産と呼ぶようになった。

本書は２０２０年8月31日時点での情報を基にしている。

第 1 章

規模の不経済性に陥る自動車メーカー

1 世界の自動車生産台数はもう増えない

「世界の自動車生産はピークを越えたかもしれない」

2020年1月29日（ドイツ現地時間）、世界最大の自動車部品メーカーである独ロバート・ボッシュ（Robert Bosch GmbH）のフォルクマー・デンナーCEO（Volkmar Denner）が、人員削減案の発表とともに報道陣に述べた言葉である。そして、減少基調にある世界自動車生産台数は2020年も減少し、その後は2025年まで停滞し増えることはない、と明言した[1]。なお当時は、新型コロナウィルスのパンデミックが世界市場に悪影響を及ぼすとは、まだ議論されていないタイミングだった。

図表1－1は、国際自動車工業連合（OICA）が集計している世界自動車生産台数の推移である。リーマンショックで落ち込んだ2009年以降、2017年まで右肩上がりで増産が続いたが、2018年に横ばいで推移し、2019年は10年ぶりに減少に転じた。

図表1-1　世界自動車生産台数は減少基調に

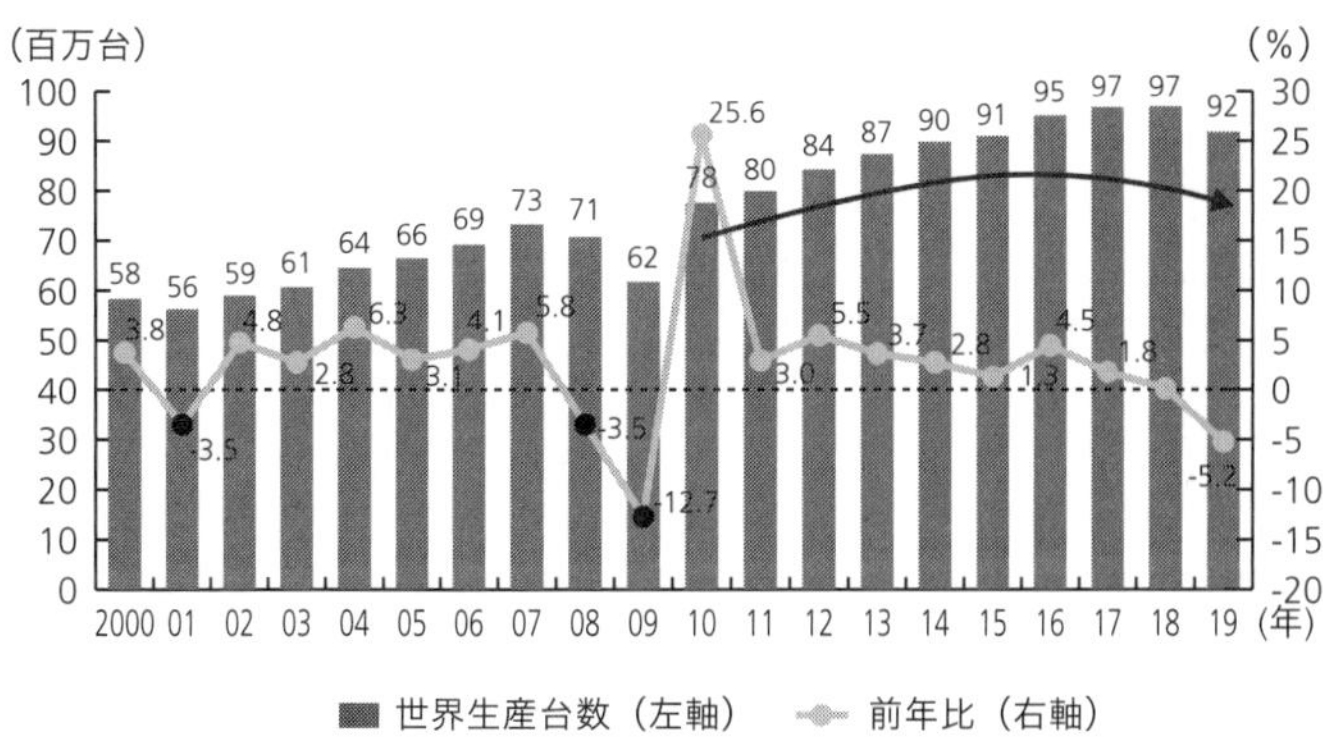

出所：国際自動車工業連合（OICA）の公表データを基に筆者作成

２０１９年からの減産の背景には、これまで高い成長率を誇る有望市場であった中国やインドにて、景気悪化を背景に新車需要が減退したことがある、というのが一般的な認識であった。しかし、自動車メーカーが減産するのは、景気連動でいずれ短期的に回復すると見込まれる需要の減少に対応しているというよりも、生産能力の削減も見据えるほど、供給体制を大幅に見直すといった、より構造的な要因が背景にある。

能力削減計画が相次ぐ

２０１９年以降、大手自動車メーカーによる抜本的な能力削減計画が相次いでいる。米ゼネラル・モーターズ（GM）は北米にある4工場のうち、3工場を２０１９年中に停止させたが、近い将来にこれらは閉鎖される。また、２０２

0年1月にインド工場を中国・長城汽車に売却すると発表し、インド市場から生産撤退することも決めた。

ホンダは2019年2月に、英国とトルコでの四輪車生産を2021年に終了すると発表し、欧州から生産撤退する計画である。2020年中にはアルゼンチンでの四輪車生産も終了する。日産自動車は2019年7月に、グローバル生産能力を2022年度までに2018年度対比で10％削減すると発表したが、コロナ禍の2020年5月28日には、この削減幅を20％に拡げる計画を明らかにした。

三菱自動車も2020年7月27日、日本の生産子会社であるパジェロ製造を2021年上期に閉鎖すると発表した。なお、同社CEOはこの工場閉鎖が新型コロナの影響とは関係なく、元々、同社の拡大戦略に無理があったと同日の決算発表の電話会見でコメントした。

今後は、パンデミックの影響も加わり、自動車メーカーによるグローバルな減産や能力削減の動きは、さらに加速する可能性がある。

規模の不経済性が背景に

自動車メーカーの減産の背景にある構造的な要因とは何か。なぜ、生産能力の削減を急いでいるのか。それは、自動車産業が遂に「規模の不経済性」に直面してしまったからである。平たく言えば、自動車メーカーは今までのように増産を続けても、もう儲けることはできない。増産しても収益性の悪化は収束せず、ひいては減益に転じるような苦境に陥っているのである。

2 取引コストの増大が規模の不経済性の主因

増産しても減益

規模の不経済性というのは、ある一定の生産数量を超えると、生産規模を増やすことにより収益性が悪化し、ゆくゆくは減益に陥ってしまう状況を指す。追加的に1台増産することでもたらされる利益が減少し続け、いずれは損失に転じるが、管理会計で言うところの、いわゆる限界利益（Marginal Profit）がマイナス（赤字）に陥ることである。その時点で、メーカーは増産することに合理性が見出せないので、他の条件を一定とすると、増産を止

図表1-2　規模の不経済性に陥る自動車メーカー

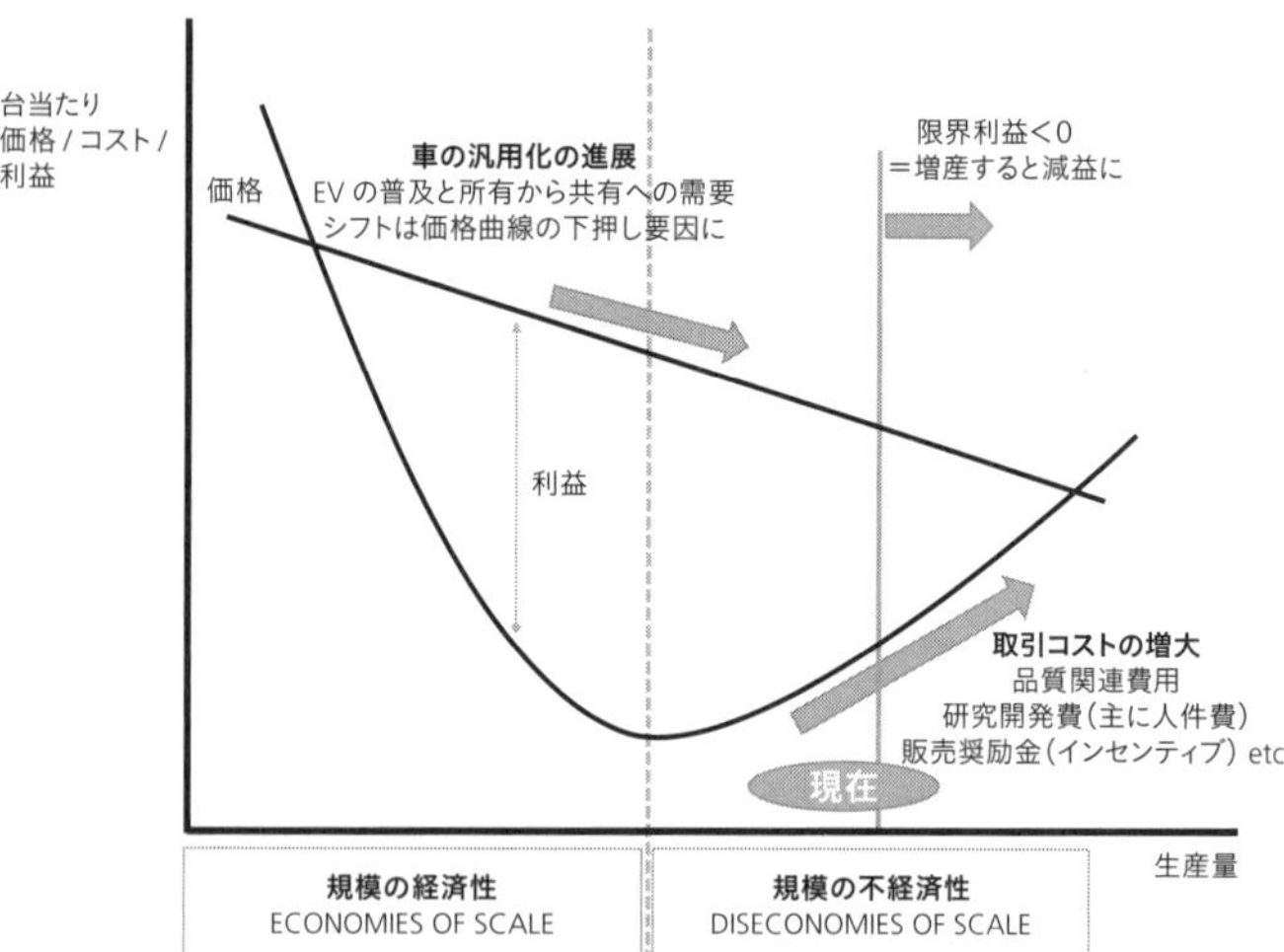

出所：Coarse（1921）、Williamson（1981）を基に筆者作成

めなければならない。

図表1－2でくわしく説明する。自動車メーカーが生産規模を拡大していく当初は、生産量1台当たりの固定費は減少し、この固定費の拡散効果が価格低下による収益悪化を十分に吸収するので、1台当たりの利益を増やすことができる。結果として、収益性（利益率）の改善と生産数量の増加により、増産を続けることが企業収益の拡大に直結するのである。この状況を規模の経済性（Economies of Scale）と言う。

しかし、ある生産規模を境に、大量生産に伴うコストや、汎用化が進む車の付加価値向上を目指した投資コストの増加分が、増産による固定費の拡散効果を上回ってしまうことで、生産量1台当たりの利益が減少し始める。これら増大するコストのほとんどは、いわゆる取引コスト（Transaction Cost）と言われるものである。

取引コストの増大

取引コストは、大きく「探索コスト（Search and Information Cost）」「交渉コスト（Bargaining Cost）」「監視コスト（Policing and Enforcement Cost）」の3つに分けられる。探索コストは取引先を探すことや財・サービスの質や価格を調査するために必要なコストである。交渉コストは、双方が取引の合意に至るまでの駆け引きで発生するコストである。そして監視コストとは、合意した通りに取引が実行されているかを監視したり、実行されていなければ、法的手段等で対処する場合に必要なコストなどである。

自動車産業における取引コストの代表例としては、①品質関連費用（監視コスト）、②人件費を中心とした研究開発費用（交渉コスト）、③販売奨励金・インセンティブ（交渉コスト・探索コスト）が挙げられる。

より具体的には、①は、メーカー及びディーラーと消費者の間での売買契約で、お互いに合意した製品の仕様・品質要件を満たさなかった場合の、訴訟費用や弁護士費用などの法的費用、そして、市場回収に伴うリコール関連費用などがある。また、品質問題の発生を未然防止することを目的に、サプライチェーンでの監視強化で発生する費用や、リコール後のイメージ悪化による販売機会の損失も含まれる。

②は、EVや自動運転車といった次世代モビリティを開発するため、他業界から有能な人材をヘッドハントする際に、エージェントに支払う手数料など、人材獲得にかかるコストなどが挙げられる。

そして③は、新車販売の強化や新規顧客開拓を推進するため、メーカーが値下げの原資としてディーラーに支払うコストである。

デジタル化の波が到来し、大変革期を迎えた自動車産業において、既存の自動車メーカー及び関連企業はこれまでの経験則にとらわれない、非連続的なイノベーションを起こすことで、生きるか死ぬかの競争を勝ち抜かねばならない。不確実性が強まる中、既存メーカーが持つ経営のノウハウや人材といった情報の量や質は、次世代ビジネスで必要とされるそれらと比べて、劣ってしまうケースが多い。様々なバリューチェーンにおいて、いわゆる「情報の非対称性」が生まれているのである。

このような状況では、すさまじく速い市場ニーズの変化に迅速に対応するため、既存の自動車関連企業においては、取引コストが今まで以上に嵩(かさ)んでしまうことになる。

EVの価格下落と車の汎用化の進展

なお、規模の不経済性のもうひとつの決定要因に車両価格の低下が挙げられるが（図表1－2で示す右肩下がりの曲線）、最近では、EVの普及や自動車需要の所有から共有（シェアリング）へのシフトが世界的に進んでいることが、この価格曲線への下方圧力にもなっている。価格曲線が押し下げられると、規模の不経済性を迎えてしまう生産量が減るので、自動車メーカーにおける減産や能力削減の必要性が高まってしまう。

EVのコストの大宗を占める車載用リチウムイオン電池の価格下落が速まっていることから、昨今の競争激化の中で、EVの車両価格の低下が強まっている。また、シェアリングサービスの普及で、人々は車を保有しなくても、低コストかつ容易にモビリティを利用する機会が増えていることから、新車需要には逆風が吹いている。モビリティがより身近になり、車の汎用化のスピードが加速していることで、車両価格の下落圧力はさらに強まっているのである。

自動車メーカーにおける取引コストの増大と車両価格のさらなる低下という、収益へのダブルパンチを受けて、自動車メーカーが規模の不経済性を迎える時期が早まっている。

前述のように、グローバル生産能力を削減する自動車メーカーが相次いでいるのは、まさにこの時期を迎える企業が増えており、世界自動車産業の大量生産時代が終わりに近づいていることを意味している。

なお、新型コロナウィルスのパンデミックにより、世界の自動車需要は大きく減退しており、自動車メーカーが相次いで減産している。減産により規模の不経済性が改善されるかというと、そうではない。自動車生産能力は世界的に過剰であるため、需要減退の中でも、値下げして工場稼働を引き上げようとするメーカーが増えてくる。車の価格低下が進行するので、規模の不経済性を抜け出すことは、引き続き困難である。

生き残りにはブロックチェーンが必要

では、このような業界の大変革やパンデミックといった難局にて、自動車メーカーはどのようにして収益を増やして、生き残ることができるのか。そのためには何が必要か。ずばりそれは、ブロックチェーンを活用することである。

ブロックチェーンを活用することで、①取引コストの回避または大幅な削減を実現し、②車両走行時に集積したデータをマネタイズ（収益化）することによって、車に新たな付加価値をもたらすことができるからだ。結果として、既存ビジネスのコスト削減と新しい売上の創造で、収益を増やすことができるのである。第4章以降で、より具体的にユースケースを交えて説明する。

3 「儲かりMaaS」にはブロックチェーンが必要

自動車業界の破壊的変化の背景

大量生産を競う時代が終わりに近づき、自動車メーカーは、都市のデータを資源とする新しいモビリティのエコシステム（生態系）でどう生き残るかを模索する、まったく新しい「土俵」に立たされている。

さて、この新しいモビリティのエコシステムとは何か。図表1―3がその概要図であるが、これは自動車業界におけるディスラプション（破壊的変化）の背景を描いたものである。

このエコシステムは、社会、時代、世代の3つのメガトレンドの変化が生み出したものである。それは、①自動車産業の根底に流れるデジタル「社会」への変化、②脱炭素の追求と都市化（人口の都市への集中）への対応という地球環境問題を解決する「時代」の到来、そして③ミレニアル「世代」やポストミレニアル世代といった若者世代の台頭――という、大きな潮流の変化であり、それらが同時に起こっている。これらが車を人やモノだけでなく、データも運ぶ「モビリティ2・0」へと誘っているのである。

新しいモビリティのエコシステム

世界的な脱炭素への動きが車の電動化（脱エンジン）を加速させ、デジタル技術の進展が、自動運転技術の向上とライドシェアリングを中心とした共有型経済の構築を促している。結果として、共有型の自動運転EVがロボットタクシーや自律走行バス・シャトルを実現させ、これらが都市における人・モノ・データの移動を活発化させることで、MaaSという新しいビジネスとともに、都市経済が発展していくのである。

今後も世界的に都市化が進むため、このようなエコシステムは自然と拡がっていく（なお、このエコシステムの概要図において、CASEの4つそれぞれの要素が散りばめられていることにも留意されたい）。

車両の生産台数で見る「自動車産業」の成長余地はもはやなくなったが、データを資源とする「モビリティ産業」として見れば、それは超成長産業となり得るのである。

図表1-3　新しいモビリティのエコシステム

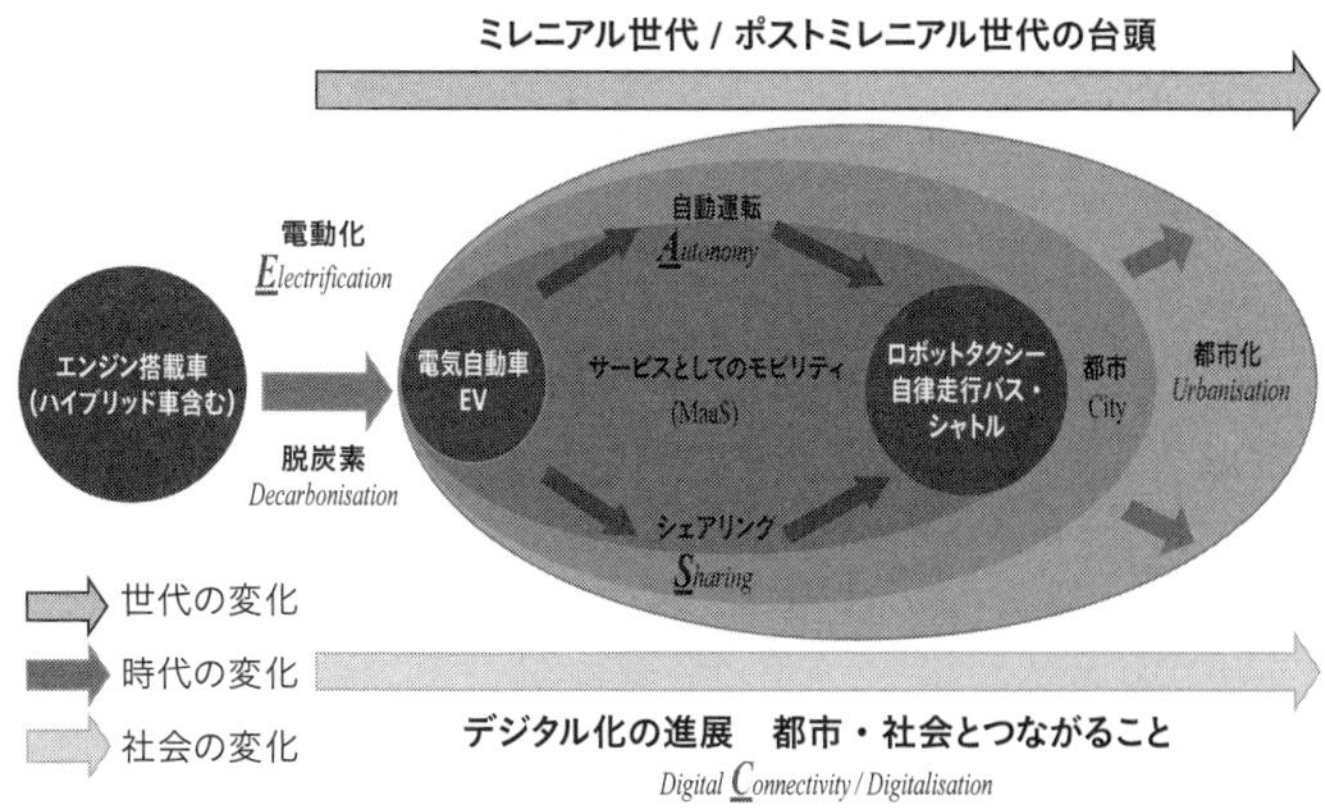

出所：筆者作成

長続きしないMaaS

日本でもここ数年、数多くのＭａａＳの実証実験や社会実装の試みがなされている。ただし、これは日本だけではないが、ほとんどのケースが現状では長続きしていない。シェアリングサービスや自律走行車に関わる法整備が進んでいないということも背景にあるが、プロジェクトやビジネスの持続可能性が低いのは、ずばり儲からないからである。

住民の足としての公共サービスであるから、旗振り役の自治体や公共交通事業者にとって、儲けを求めることが憚られるのは当然だが、収益性を追求し利益を出さないことには、持続可能なモビリティを地域コミュニティに提供することはできない。

自律走行車の導入により、ドライバーの雇用を省いて収益を改善させることは効果的である。しかし残念ながら、現状、ドライバーレスな自律走行車の実現は遠い未来の話となっている。ドライバー雇用の削減に対しては強い抵抗も存在しており、自律走行車の導入は現実的なソリューションとは言えない。

また、自律走行車をベースとしなくても、様々なモーダル（鉄道、バス、タクシーなどの移動手段）をつなげた、マルチモーダルなアプリケーションも数多く生まれているが、そもそも収益性が低いもしくは赤字に近いモーダル同士をつなげて、お互いに薄いマージン（利益）をモーダル間でスウォップしているだけなので、やはりこれも持続可能性が高いモビリティとは言えない。

ブロックチェーンで売上を創造する

「儲かりＭａａＳ」を創るには何が必要か。コスト削減だけでなく、売上の創造を追求しなければならず、そのためにはブロックチェーンが必要である。具体的には2つの方法がある。

ひとつ目は、「車両がお金を稼ぐ」仕組みをつくることである。これはすでに、まえがきとプロローグでも示したが、コネクテッドカーが集めるデータのうち、渋滞解消や事故防止につながるようなコミュニティにとって有益なデータを、走行エリアを管轄する都市や自治体のクラウドシステムに自律的かつリアルタイムに提供し、その見返りとしてトークンを稼ぐというものである。

これにより、ＭａａＳにおける次世代モビリティの運行事業者は、車両がトークンで稼いだ分を、運営コストの負担軽減に充てることができる。モビリティのデータマーケットプレイスを構築することを意味するが、詳細は第7章で説明する。

もうひとつの方法としては、ＭａａＳの利用者が、コミュニティにとって望ましいサービスを消費した際に、その消費行動にトークンを与えるような、インセンティブ設計を施すことである。

このような人間の行動様式を変える仕組みを活用すると、移動することで追加的なメリットを享受することを期待して、ＭａａＳ利用者が増えることになる。結果として、関連事業者の運賃収入やサービス収入が増加する。これはコミュニティコインや地域通貨の創造議論にもつながることである（第8章でも説明する）。

4 ブロックチェーンの社会実装を急ぐ世界自動車産業

MOBI

モビリティビジネスの革新を急ぐ世界の自動車関連企業は、ブロックチェーンがイノベーション創出のカギになると考え始めている。このグローバルなムーヴメントを背景に、MOBIは2018年5月に設立された。

非営利団体（NPO）のMOBIは2020年8月末現在、自動車関連企業、IT、国際機関、政府機関、学術機関、ブロックチェーン関連企業等、あわせて100以上の組織がメンバーとなる、グローバルコンソーシアムとなっている。設立当初の会員数は35であったが、これまでの2年あまりの間に、その数は約3倍にまで増加した。

自動車メーカーでは、米GM、フォード、独BMW、ホンダなどが加入している。また、自動車部品メーカーでは、独ロバート・ボッシュ、コンチネンタル（Continental）、ZF、デンソーと世界のトップメガサプライヤーが名を連ね、ＭＯＢＩは自動車産業におけるブロックチェーン・コンソーシアムとしては世界最大規模となっている。

ＭＯＢＩは、ネットワーク効果を享受できるだけの、実用最小限のコミュニティ（ＭＶＣ）を構築し、ブロックチェーン及び関連技術の標準化を進めながら、多くのステークホールダーにとって透明性と信頼性の高い、次世代モビリティの創造を追求している。

ＭＯＢＩメンバーは、「ブロックチェーンとその関連技術を使い、輸送をより環境に優しく、より効率的で、そして、誰にとってもより身近なものにする（Make transportation greener, more efficient and more affordable）」をモットーに、国や地域、業界や競合関係などの境目なく、ボーダーレスで活動をしている。複数の分科会にて、ブロックチェーンを活用したモビリティの様々なユースケースを探索し、標準規格を作成して、自動車メーカーが中心となった共同実証実験を行っていく。

２０１９年7月には、世界初のデジタル車両ＩＤ（Vehicle Identity：ＶＩＤ）の標準規格を作成した。そして、このＶＩＤをベースに、欧米にて２０２０年中に（パンデミックの影響で開始が遅れている）、複数の自動車メーカーなどがスマートシティの構築を目指す、世界初の共同実証実験を行う予定である。今後、同様の国・自治体との共同実証実験は、世界中で展開していく予定である。

ブロックチェーンの社会実装を急ぐ世界自動車メーカー

このように、世界の自動車メーカーがブロックチェーンのコミュニティ（共同体）の形成や社会実装に向けた実証実験を急いでいるのは、各社のマネジメントが、目前に迫るブロックチェーン社会の本格到来を強く意識しているからである。

米ＩＢＭと英シンクタンクのオックスフォード・エコノミクスが２０１８年に行った調査結果によると[2]、世界の自動車関連企業の経営者１３１４名のうち62％が、ブロックチェーンが３年以内に自動車産業に「破壊的な影響力（Disruptive Force）」を及ぼすと予想している。

また、他のデータでは、世界経済フォーラム（World Economic Forum：ＷＥＦ）の２０１６年の報告によると[3]、世界の大手ＩＴ企業の経営者や専門家８００人への調査で、58％の回答者がブロックチェーン及びビットコインなどの暗号資産が、２０２５年には本格普及すると予想している。またＷＥＦは、２０２５年に世界のＧＤＰの約10％がブロックチェーンに捕捉されると予想している（ちなみに、２０１６年時点では０・０２５％）。

自動運転開発に遅れ

世界の自動車産業は、ＣＡＳＥやＭａａＳといった自動車の次世代化対応に迫られている。中でも、自動車メーカーや米アルファベット傘下のウェイモ（Waymo）、そして中国の新興ＩＴ企業は、多額の研究開発投資をＣＡＳＥの中核である自動運転技術の開発に充てている。しかし、センシング技術の改善が極めて難しいことから、安全性の確立が高い壁となっており、最近になって、自動運転開発の遅れが顕著になってきている。

数年前までは、完全自動運転車（レベル５相当）の普及は２０２５年頃から始まると予測されていたが、現在は、業界では「早くて２０３０年頃から」というのが定説になりつつある。

かつて、アルファベットの自動運転技術開発の中心人物だったクリス・アームソン氏（Chris Urmson）は常々、「私の息子は一生、運転免許は不要だ」と豪語していた。しかし最近では、「完全自動運転は、今後30～50年にわたり、徐々に実現するだろう」と、大きくトーンダウンしているほどである[4]。

自動運転より早いブロックチェーン社会の本格到来

一方で、ブロックチェーン社会の本格到来は、前述の調査結果などから、2021年から2025年頃までに訪れると予想する声が多い。これらの情報や、MOBIメンバーとの会話の中でわかってきたのは、世界の企業経営者の多くは、自動運転車よりもブロックチェーン社会の本格到来の方が早いと考えていることである。

車のフルモデルチェンジのサイクルは、乗用車だと一般的に5～7年となる。従って、今から設計する乗用車の新モデルは、その車が世に出る頃、何らかのかたちでブロックチェーン技術を搭載しているか、ブロックチェーン社会と連携している必要があると言える。

目下、自動車産業は、「100年に一度」と言われる大変革期の真っただ中にあり、自動運転開発を急ぐ自動車メーカーは多い。しかし、第3章で後述するように、自動車産業は「500年に一度」とも言える、まったく新しい技術・コンセプトであるブロックチェーンの研究開発及び導入に、自動運転開発よりも高いプライオリティを置く必要がある。このように考える企業や組織は、MOBIのようなコミュニティを創り、スピード感を持って、ブロックチェーンを活用した次世代モビリティの探求に努めているのである。

第2章

自動車産業にも
ウェブ3.0時代の到来

1 5Gがもたらすブロックチェーン社会

5G普及がブロックチェーンを後押し

昨今なぜ、ブロックチェーンへの注目度が高まっているのか。その理由は、ブロックチェーン登場の背景にある技術革新から知ることができるが、その技術革新のベースには、次世代通信規格である5G（第5世代通信）の普及がある。

現在の4Gに続く5Gの普及が世界中で始まり、その「高速大容量・低遅延・多接続性」という特長を活かして、あらゆるものがネットワークにつながるIoT化が急速に進んでいる。そして、IoTの進展が、新しい技術を生んでいるのである。

世界では、インターネット社会における現在の技術革新を「ウェブ3・0（Web3.0）」もしくは「スペーシャルウェブ（The Spatial Web）」と呼ぶようになった。

データに関わる様々な技術変化を含有するウェブ3・0という言葉に、実は、正確な定義

図表2-1　ウェブ3.0の背景にある技術変革

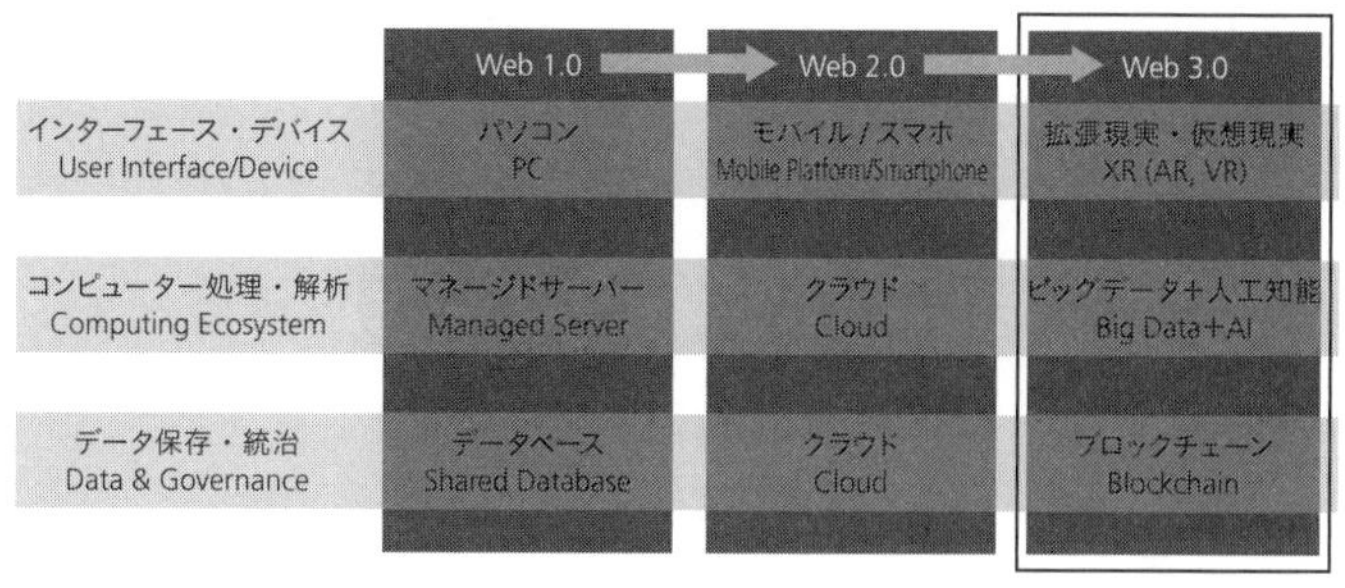

出所：筆者作成

はない。しかし、ウェブ3・0をシンプルにまとめると、人がデータ・情報にアクセスする際に最初に接するポイントとしてのユーザーインターフェース（User Interface：UI）、コンピューター処理・解析の手段、データの保存方法と統治形態といった、3つのテーマにおける技術変革と言える。

ウェブ1・0からウェブ2・0、ウェブ3・0への順に、それぞれの変化を表すと図表2－1のようになる。

UIはXRへ

UIは、パソコン（PC）からスマートフォン（スマホ）を中心とするモバイルデバイス、そして拡張現実（Augmented Reality：AR）や仮想現実（Virtual Reality：VR）といった、いわゆる「XR」へと変化しつつある。ウェブ2・0からウェブ3・0への変化にフォーカスすると、スマホからARグラスやARヘッドセットへとデバイスが変わり、UIとユーザー経験(User Experience:UX)が著しく変わる。

その背景には、音声AIの技術改善に伴い、指を使うタッチUIから、人と機械の音声を使ったタッチレスな音声UIへの変化がある。これにより、アプリを起動させないと始まらないオンデマンド型のデータ検索から、リアルタイム型のデータ推奨へと、データ検索プロセスが大きく変わるのである。

スマホのiPhoneで躍進した米アップルのティム・クックCEOが「ARが次のプラットフォームになる[1]」と発言しているのは、UIの劇的な変化に対応することが、アップルにとって喫緊の課題であると捉えているからだ。なおVRは、ブロックチェーン活用によるデジタルIDの付与、そして、それに紐づいたデジタルツインの生成を行う上で、その適用領域は今後ますます増えてくる。

ARとVRを活用した新しい自動車購入体験を開発する、英ゼロライト(ZeroLight)のダレン・ジョブリングCEO(Darren Jobling)はこう言う。「インターネット社会のメディア(媒体)は、テキスト、静止画像、動画へと進化を遂げた。これからは、実世界の人・モノとインタラクティブ(interactive:対話的)な関係を持つ、サイバー空間上のアバターやデジタルツインになる[2]」。

サイバーフィジカルシステム

コンピューター処理・解析が行われる場所としては、専門業者がサーバーの保守・管理を担うマネージドサーバーからクラウドへと移行し、そしてさらに、ビッグデータとＡＩの連携へと変化していく。

ウェブ2・0の社会では、サイバー空間上のクラウドに人がアクセスして情報を入手し、その情報を分析することで価値が生まれていた。ウェブ3・0では、フィジカル空間（実世界）でセンサーが膨大な情報をかき集め、その情報をサイバー空間で集積して（すなわち、ビッグデータ）、このビッグデータをＡＩが解析し、その解析結果をフィジカル空間の人間に様々なかたちでフィードバックする。

このフィジカル空間とサイバー空間の間で、データをやり取りするシステムのことを、サイバーフィジカルシステム（Cyber Physical System：ＣＰＳ）と言う。

「中央」がないブロックチェーン

そして最後のテーマである、データの保存方法及び統治形態としては、ウェブ2・0での共有型データベースから、ウェブ3・0ではブロックチェーンへの移行が進展する。

これまでのデータベースは、企業等が管理するサーバーにアクセスすることが必要な、中央集権型のネットワークだった。それが、第3章で後述するような社会的変革や、利用者に近いエッジ（ネットワークの末端）でデータ処理する技術が向上したことを背景に、中央に管理者がいない、分散管理型のブロックチェーンに変わっていくのである。

現実的には、データをどこで処理するかの役割分担で、エッジコンピューティングとクラウドコンピューティングが、それぞれのメリットを活かす形で共存する。大量のデータを的確かつリアルタイムで処理する場合は、エッジコンピューティングが行われる。一方で、大規模な連携や集約が必要であったり、処理速度の影響が少ないデータは、クラウドでデータ管理することにメリットがある。クラウドのデメリットである、セキュリティやシステム障害における脆弱性などをブロックチェーン技術で克服する、「ブロックチェーン・クラウド」の流れも今後加速するだろう。

M2Mの世界でブロックチェーンは不可欠

今の人間社会では、人と機械がコミュニケーションするＨＭＩ（Human Machine Interaction）の世界が拡がっている。ブロックチェーン社会では、機器同士がデータと価値の交換をするＭ２Ｍ（Machine-to-Machine）の世界へと移行する。

自動車業界向けに音声ＡＩのソフトウェアを提供する、独ジャーマンオートラボ（German Autolabs）のホルガー・ヴァイスＣＥＯ（Holger Weiss）はこう言う。「ＨＭＩの世界では音声ＡＩが必要である。Ｍ２Ｍの世界ではブロックチェーンが不可欠となる[3]」。

2　デジタルツインの基盤技術はブロックチェーン

デジタルツインの登場

昨今、ビジネスの世界では当たり前のように使われるＤＸにおいて、デジタルツインが注目を集めている。

デジタルツインとは、実世界の人やモノの情報をＩｏＴを活用して、ほぼリアルタイムでサイバー空間に送り、サイバー空間内に実世界の人やモノ、そして環境を再現したものである。実世界のモノとサイバー空間上で表現したモノが瓜二つであることから、「双子（ツイン）」と表現される。

図表2-2　デジタルツインのイメージ

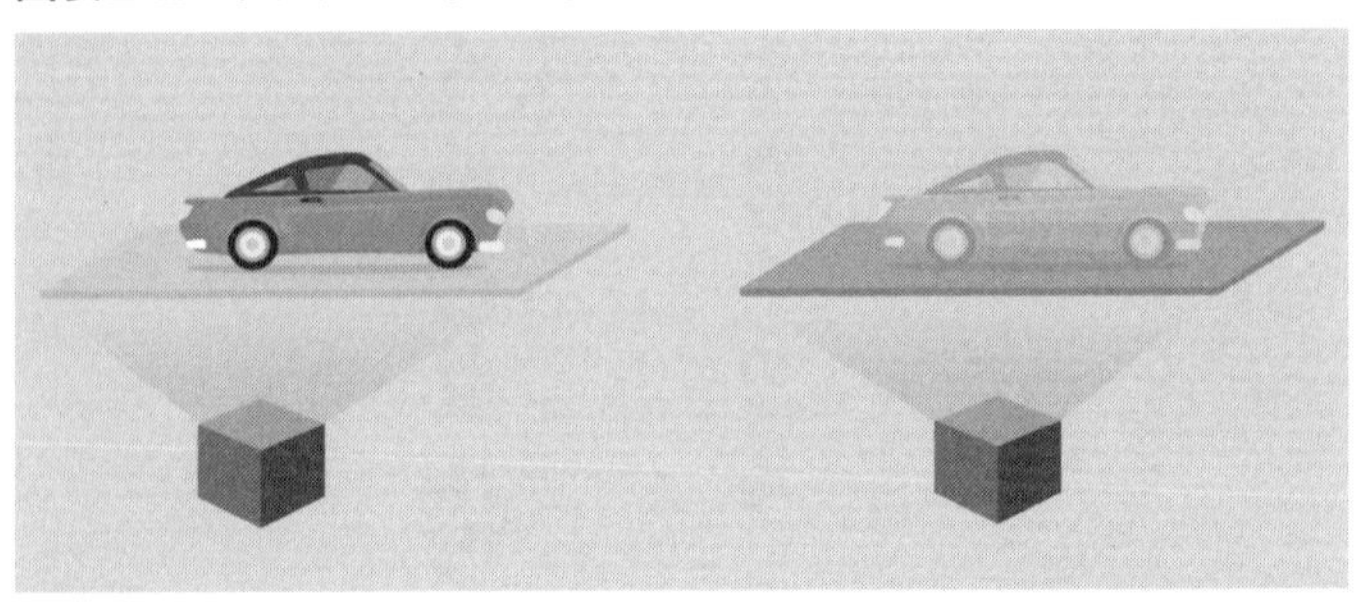

出所：MOBI

また、デジタルツインが存在する世界を「ミラーワールド（鏡像の世界）」とも言う。米イェール大学でコンピューターサイエンスの教授を務めていたデービッド・ガランター氏（David Gelernter）が、1996年に提唱したものである。

デジタルツインの活用で、実世界のオブジェクト（対象物）をサイバー空間上で効率的にモニタリング（監視）したり、シミュレーション（模擬実験）することが可能となる。このサイバー空間でのシミュレーションの結果から、実世界のモノや設備の故障や変化を事前予測できる。

この目的でのユースケースとしては、米ゼネラル・エレクトリック（GE）が、航空用ジェットエンジンでデジタルツインを生成するというものがある。エンジンに多数のセンサーを取り付け、そのセンサーが収集したデータを基にデジタルツインを生成し、シミュレーションによって部品交換の必要性を把握することで、保守やメンテナンスの効率化を実現している。

価値のインターネット

今後、ブロックチェーンはデジタルツインの基盤技術となる。その理由は、このようなストーリーで説明できる。

サイバー空間上で生成されたデジタルツインをブロックチェーンに記録すると、そのデジタルツインが複製されたり、改ざんされることがなくなる。その結果、デジタルツインの固有性（そのものだけに特有な属性）がしっかりと保護され、デジタルツインに単一所有者による所有権を確立することが可能になる。また、その所有権は新しい所有者に移転することができる。

サイバー空間では、デジタルツインの固有性と移転可能な所有権は、価値の重要な構成要素となる。実世界における価値移転の媒体は通貨であるが、サイバー空間でのそれは暗号資産である。デジタルツイン同士が取引を行うためには、暗号資産が媒体となった、価値のインターネット（Internet of Value）を構築する必要がある。従って、デジタルツインの基盤技術として、ブロックチェーンが求められるのである。

図表2-3　VIDはあらゆるモビリティのユースケースの基礎となる

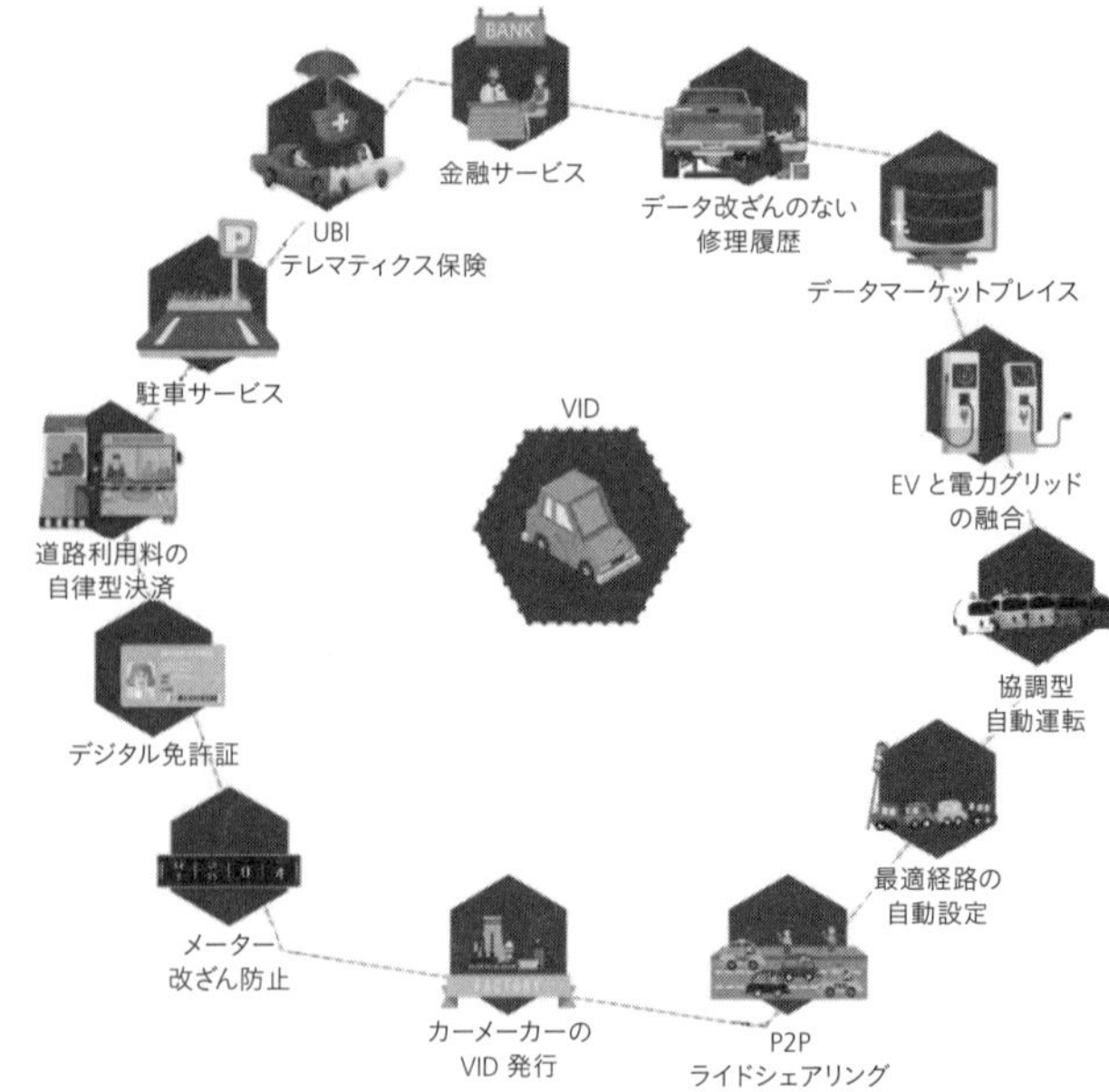

出所：MOBI公開資料を筆者が和訳

デジタルID

デジタルツインを生成するための最も重要な要素は、デジタルIDである。デジタルIDとは、人やオブジェクトをサイバー空間でコンピューター処理するために必要なアイデンティティ情報である。なお、アイデンティティとは、人やオブジェクトに関する属性データの集合である。デジタルツインを生成する際に最初に必要なプロセスは、デジタルIDをブロックチェーンに記録することである。従って、デジタルIDなくしては、デジタルツインは存在しない。

なお、デジタルIDは、多くのステークホールダーが同じ「モノサシ」としての標準規格のもとに表現する必要がある。「モノサシ」がばらばらだと、違う規格で生成されたデジタルツイン同士は、お互いに取引をすることが難しくなるからだ。

ちなみに、MOBIは設立後わずか1年余りの2019年7月に、車のデジタルIDであるVIDの標準規格を作成した。VIDの規格作成を急いだのは、VIDがブロックチェーンを活用したほぼすべてのユースケースの基礎になるからである（図表2－3）。

3　デジタルツインがMaaS、CASEの収益化をもたらす

ミラーワールドのデジタルツイン

VIDを利用したデジタルツインの生成とCPSのイメージを、図表2－4で説明する。

ミラーワールドを構成する要素として、ウォレット、VID、IoT、ブロックチェーン、

図表2-4　ミラーワールドとデジタルツイン

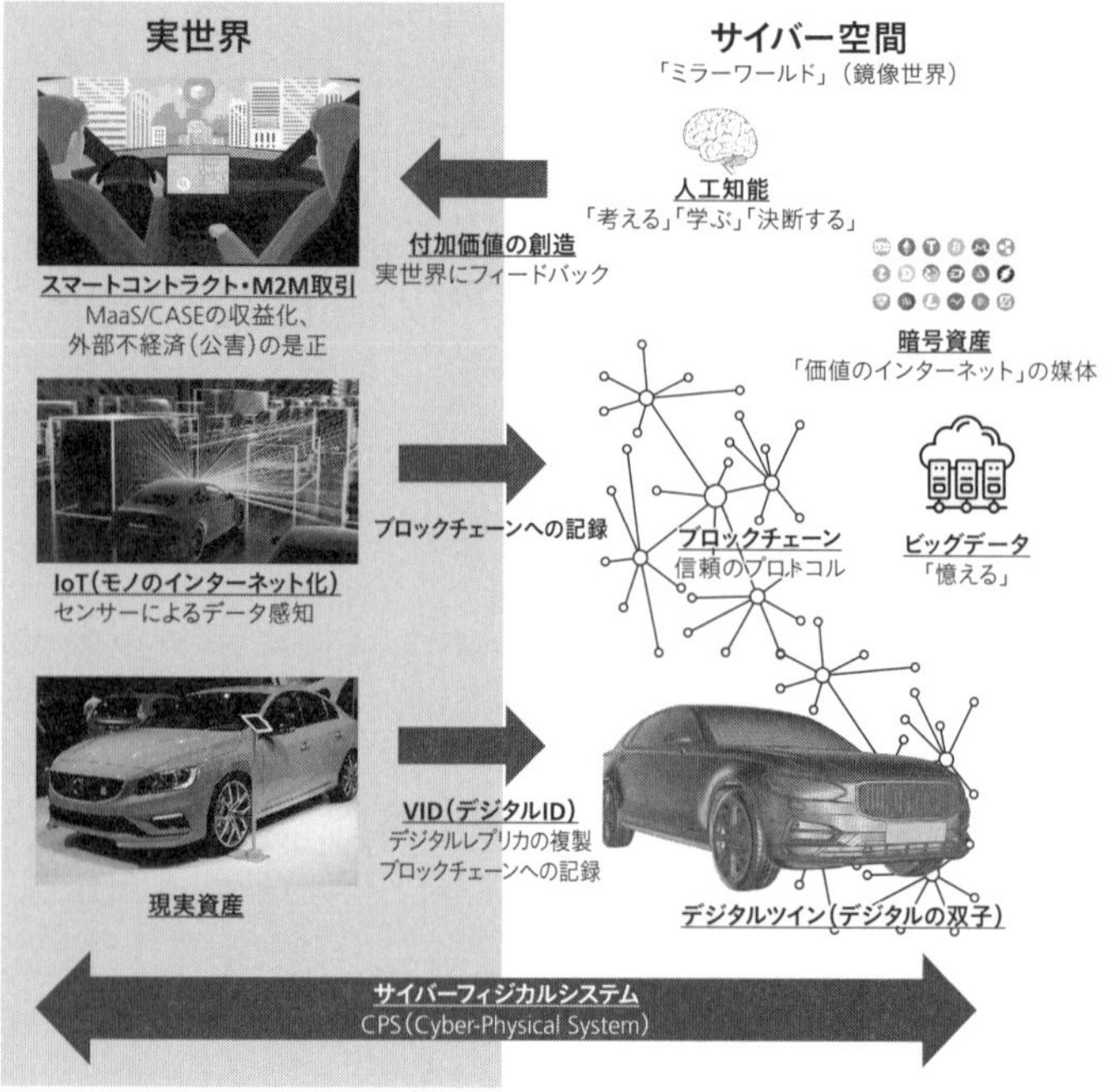

出所：筆者作成

暗号資産、ビッグデータ、人工知能（ＡＩ）が挙げられる。

なお、ウォレットとは、実世界とサイバー空間をつなぐポータル（入口）となるものである。ウォレットの詳細は後述するが、現時点では、暗号資産とデジタルＩＤを保存・管理する「おサイフ」と捉えることにする。

ウォレットで管理されたＶＩＤをブロックチェーンに記録し、車両（現実資産）のデジタルレプリカとしてのデジタルツインをサイバー空間上に生成する。IoTで車両の様々なセンサーがデータを感知し、そのデータは自動かつリアルタイムでブロックチェーンに記録されていく。サイバー空間における「記憶装置」であるビッグデータにデータを蓄積しながら、AIはそのデータを基に実世界のオブジェクトやプロセスを理解し、最適解を導き出す。その最適解を実世界の車両にフィードバックすることを繰り返し、CPSが成立する。

また、ミラーワールドでは、車両、インフラなどのデジタルツイン同士が、ウォレットで管理する暗号資産を価値移転の媒体とした取引を行う。これが、いわゆるV2X取引（車両とすべての間の取引：Vehicle to Everything）であり、後述するスマートコントラクトを活用した、M2M取引が実現する。

車両が自律的にデータを売る

VIDを基にデジタルツインを生成することで、MaaSやCASEの収益化を図ることができる。

例えば、こういうユースケースがある。車両走行時に、その車両に搭載されているセンサーが、走行エリアの道路や周辺環境のデータを感知する。当該エリアを管轄する自治体のクラウドにそのデータをアップロード（提供）することで、その車両は自治体から報酬としてトークンをもらうことができる。そして、そのトークンを有料道路の料金所における決済で利用する。車両が走行中に取得したデータを、車両が自律的に売却するという仕組みである。

他のユースケースでは、同じ道を走る車両同士が、走行データや道路環境に関わるデータをM2Mで売買することで、事故や渋滞の発生リスクを軽減することができる。完全自動運転車でなくても、車両が周辺の他の車両や道路インフラと自律的にデータ取引を行うことで、安全な走行を可能にする。

このような、自動運転車と同様の安全運転を、V2Xのデータ取引で実現することを協調型自動運転（Coordinated Autonomy）と言うことがある。近い将来、上空から道路環境を見渡せるドローンが、車両と協調しながら自動運転車を実現させることも夢ではなくなる。協調型自動運転は、自動運転開発に投じられている多額の研究開発費用の削減につながるものである。

より具体的なユースケースについては、第7章で説明する。

ドライバーやユーザーの行動様式を変える人間中心のデザイン

ブロックチェーンと暗号資産を活用することで、都市と公共交通機関は、ドライバーやユーザーの行動様式を変えることで、渋滞や排ガスを中心とした公害を削減することも可能となる。

二酸化炭素を排出しないEVを運転したり、乗客を1人ではなく複数乗せる相乗り型のライドシェアサービスを提供するなど、地域・コミュニティにとって望ましいモビリティを提供したドライバー(車両)や、それを進んで利用したユーザーにトークンを支払う。結果として自治体は、公害低減のためにインフラの整備・拡充で多額のお金を投じることなく、トークンを活用した人の行動変容により、脱炭素や渋滞削減を実現することができる。

このユースケースの詳細も、第7章で紹介する。

4 ブロックチェーンがシティをスマートにする

国を丸ごとデジタルツインにするシンガポール

自動車業界では、ＣＡＳＥやＭａａＳを中心に次世代モビリティを提供し、スマートシティの構築に乗り出そうとする機運が高まっている。スマートシティとは、自動車や街頭に設置されているセンサーなど、街中のありとあらゆるモノをインターネットでつないで、そのネットワークから膨大なデータを収集し、そのデータを活用して創られる、より安全で便利な未来型都市のことである。情報通信技術の発展、ＩｏＴの進展、５Ｇの登場により、今や世界中の都市でスマートシティの構想が模索されている。

中でも、国家全体のデジタルツインを構築しようと、最も意欲的なスマートシティプロジェクトを行っているのはシンガポールである。シンガポールでは、２０１４年11月にリー・シェンロン首相（Lee Hsien Loong）が「スマート国家（Smart Nation）」構想を打ち出した。その構想では、デジタル技術を活用した住みやすい社会をつくるという理想を掲げている。

その実現に向けて、国土に関する情報のデジタル化と、各種センサーの整備によるIoTの発展を推進している。より具体的なプロジェクトとしては、国を丸ごと3Dデータ化し、都市のデジタルツインをサイバー空間上に再現する試みである、「ヴァーチャル・シンガポール（Virtual Singapore）」が挙げられる。

このプロジェクトは、シンガポール国立研究財団（NRF）、シンガポール土地管理局（SLA）及び情報通信開発庁（IDA）と仏ダッソー・システムズ（Dassault Systems）が主導となり、都市のデジタルツインを編み出すことで、各種インフラ整備計画の立案や、発電量のシミュレーションによる太陽光発電パネルの設置場所の検討、自動車等の交通シミュレーションによる渋滞の解消や公共交通機関の改善、といった活用が想定されている。

スマートシティとスマートモビリティの基盤はブロックチェーン

シンガポールの他の国家的プロジェクトとしては、自動運転車の実証実験を中心とする、モビリティ改革も掲げられている。限られた国土面積しかないシンガポールは1990年から、自動車購入時に、発行枚数が限られ高価な車両所有権証書（Certificate of

Entitlement：COE）を公開入札価格で購入することを義務付けている。国内の自動車普及台数を抑制することが目的だ。

しかし、限られた交通インフラの中、人口増加で移動需要が増加する一方、公共交通のドライバー不足や人口の高齢化が進展しており、モビリティのさらなる効率化が喫緊の課題となっている。自動運転車の社会実装を急ぐのは、それが同国のモビリティに関わる数々の課題の解決手段になると期待しているからだ。

シンガポールは自動運転車普及のための法規制の緩和や、実証実験を行うための環境整備を積極的に進めている。貿易産業省管轄下の産業・貿易振興機関であるエンタープライズシンガポール（ESG）は2019年1月、自動運転の開発及び導入にあたって、安全性やサイバーセキュリティなどに関する基準「TR68」を公表した。

また陸上交通庁（LTA）は同年10月、これまでセントーサ島やジュロン島など国内4カ所に限定していた自動運転の実証実験地域を、同国西部全体（公道全長約1000キロメートル相当）に広げる方針を発表した。

こうした政府の積極的な取り組みにより、シンガポールは国内に自動車産業がないにもかかわらず、自動運転普及の環境整備が世界的に最も進んだ国となった。

スマートモビリティを核に、スマートシティの実現を目指すシンガポールは今後、その基盤のひとつにブロックチェーンを据えるだろう。適切に設計された、人やモノ（車両やインフラ）のデジタルＩＤをブロックチェーンで管理することで、都市のデジタルツインが様々な経済的、そして社会的な価値を生み出すからだ。

国民は一人ひとりのニーズに合った行政サービスを受けることができ、効率的で持続可能性の高いモビリティ社会を構築することができる。国民全体がもれなく公的サービス、金融サービス、そしてモビリティサービスにアクセスすることができ、持続可能な発展の基盤である社会的包摂性も高めることができる。

なお、ブロックチェーンをベースにして、ユーザー（国民）がデータエコシステムの中心に据えられ、そのユーザーがデータのコントロール権を有することができるＩＤを、自己主権型ＩＤ（Self-Sovereign ID：ＳＳＩ）または分散型ＩＤ（Decentralised ID：ＤＩＤ）と呼ぶ。昨今、ＳＳＩ／ＤＩＤを積極的に活用する国や自治体が増えてきている。デンマークやエストニアが、国民にデジタルＩＤを無料提供しているのが好例である。

ブロックチェーンの世界的ハブを目指す

シンガポールは、世界のブロックチェーンハブになるべく、自国のブロックチェーンコミュニティの活性化にも積極的である。２０１８年12月、同国初のブロックチェーンに特化したイノベーションハブである、トライブアクセルレーター（Tribe Accelerator：TA）が誕生した。

TAは、ESGや同国政府所有のテマセク・ホールディングス、米アマゾン・ウェブ・サービス（AWS）、シティ銀行、仏アクサ、BMWなどのグローバル企業がパートナーとなっている。また、技術パートナーとして、IBMやブロックチェーン開発のコンセンシス（ConsenSys）、R3、オーシャンプロトコル（Ocean Protocol）、テゾス（Tezos）、中国ヴィーチェイン（VeChain）などのMOBI会員企業に加え、MOBI自身も名を連ねている。

シンガポール政府は、ブロックチェーン技術をフィンテック分野のみならず、フィンテック以外の分野でも普及させることを重視している。TAを通じて、国籍や産業を問わず様々な企業や組織をパートナーにしながら、スタートアップ企業の育成支援に余念がない。スマート国家・スマートシティの構築に、ブロックチェーンを中核技術のひとつに据えているのである。

TAから世に羽ばたいたスタートアップ企業のひとつに、シンガポールのライムストーンネットワーク（Limestone Network：LN）という、スマートシティに関するソリューションを提供するブロックチェーン開発企業がある。2018年12月に創業した同社は、東南アジアの不動産開発業者に対して、物流や会計、人事管理などにまつわる包括的な情報管理システムの構築をサポートする。

２０１９年12月、同社はカンボジアの首都プノンペンで同年8月に完成した「ＭＳＱＭパーク」という物流・工業団地と提携した。２０２１年6月にブロックチェーンのインフラを開発する予定である。

具体的には、同団地内の居住者や従業員およそ１２００人が、ＬＮ社が開発したブロックチェーンをベースとするアプリ「デジタルパスポート」を取得する。このデジタルパスポートは、このように使われる。

まず、スマホに入ったこのデジタルパスポートに各々がデジタルＩＤを入力する。国際犯罪データベースで過去に犯罪履歴がないことが確認されると、デジタルＩＤがブロックチェーンに記録され、ウォレットアプリが付与される。認証済みパスポートの中にウォレットを所持する者は、同社独自開発の暗号資産を使って、シームレスなデジタルサービスを享受することができる。そして、同団地内で事業を行う企業は、暗号資産を活用したトークンエコノミーの中で、物流の効率化や会計処理の精度向上、契約・決済の迅速化を実現することができる。

ＬＮ社はこれからの5年間、カンボジアの他の場所で複数のスマートシティプロジェクトに参画するとのことだ。マレーシアやフィリピン、そして本国シンガポールでも同様のブロックチェーンシステムを自治体と共同開発していく予定である。そして、同社はホワイトペーパーにて、スマートシティプロジェクトを進めながら、住民と自動車そしてデータの流れを基に都市のデジタルツインを開発し、都市をより環境に優しく、よりスマートにしていくと宣言している。

都市のインクルージョンを高めるブロックチェーン

ＬＮ社の共同創設者であるエディ・リー氏（Eddie Lee）は、メディアインタビューに対してこう述べている。「スマートシティは、未来的な最先端技術だけで特徴づけられるものではない。スマートシティは包摂的で、社会的地位が低い人も含む、すべての人々にとってアクセスできるものでなければならない[4]」。

スマートシティの構築が急務である、とりわけ新興国の大都市では、都市化が急速に進んでいる。様々な社会的バックグラウンドを持った人々が都市に流入することに伴い、地価の高騰や失業率の上昇、深刻な渋滞や大気汚染といった公害など、喫緊の課題を数多く抱えている。既存の社会インフラを最大限に活かし、ソーシャルインクルージョンを満たしながら、都市の持続可能な発展を実現するため、「シティ（都市）をスマートにする」ブロックチェーンは、スマートシティの構築に有効的な技術であると言える。

第 3 章

ブロックチェーン、500年に一度の革命

本章は、ブロックチェーンの登場の背景、そのインパクト、SDGs達成に向けたブロックチェーンの役割や重要性の説明に加えて、ブロックチェーンを知る上でのキーワードや主要技術を紹介する。すでにブロックチェーンに馴染みがあり、モビリティでのブロックチェーンの意義やユースケースを知りたいという読者は、本章をスキップして、第4章以降に進んでほしい。

1 簿記革命と情報革命

2008年に突然生まれたブロックチェーン

ブロックチェーンの登場は衝撃的なものである。これまで見てきた他の新技術・コンセプトとはまったく異なるものが、ごく最近、目の前に突然現れただけではなく、ブロックチェーンの概念が現在の社会、政治、経済、文化の秩序や編成を根底から覆すような革命的なものとなり得るからだ。「革命的」とはどういう意味かを説明する。

ブロックチェーンは2008年に突然生まれた。世界的な金融危機が起こったタイミングで、サトシ・ナカモト（Satoshi Nakamoto）を名乗る謎の人物（または組織）がある論文をインターネット上で発表した。そこに書かれていたのは、ビットコインと呼ばれる暗号資産を使った、P2P方式のまったく新しい電子通貨システムの概要であった。世の中のブロックチェーンを使った画期的なサービスはすべて、このビットコインの仕組みをベースにつくられている。

このブロックチェーンの登場で、我々は「500年に一度」の大革命を迎えつつある。なぜなら、ブロックチェーンが500年ぶりに、簿記革命と情報革命をもたらそうとしているからだ。それは、ブロックチェーンが、取引の記録方法と信頼のプロトコル（仕組み）のベースとなる既得概念を、根本的に変えるという意味である。

500年前に起きた2つの革命

500年前に起きた革命的こととは何か。簿記の革命という点では、コロンブスがアメリカ大陸を発見した2年後の1494年にイタリア・ヴェネツィアで、数学者ルカ・パチョーリ（Luca Pacioli）が数学大全『スンマ（Summa）』にて、ヴェネツィア商人の帳簿技術である複式簿記（Double-Entry Bookkeeping）を学術的に説明したことである。そして同書は1523年にイタリア・トスコラーノで再版された後、数百年にわたって世界中に伝えられた。

また、時系列が前後するが、情報革命という点においては、1445年にドイツ・マインツで、ヨハネス・グーテンベルグ（Johannes Gutenberg）が、現在の産業社会の礎を築くこととなる活版印刷を発明したことである。

複式簿記の誕生

簿記は、モノをお金でやり取りする活動、すなわち「取引」を記録する方法である。簿記は長い歴史の中で生まれたものである。それは、6世紀にインド商人が知った正数（財産）と負数（負債）の概念に始まる。このインド商人の概念は、8世紀にイスラム社会に伝わり、11世紀にアラブの数学者が負債を負数で表すようになった後、欧州に伝わった。

数字の概念は、さらに昔から形作られた。紀元前6世紀に生まれたインド数字は、西暦773年にアッバス朝バグダッドに伝わった。インド数字は、世界最大のイスラム帝国で「アラビア数字」に進化し、約800年もの長きにわたってスペインにまで広まった。

その間の1202年、イタリア・ピサの数学者レオナルド・フィボナッチ（Leonardo Fibonacci）が『算盤の書（Liber Abaci）』を出版したことで、アラビア数字の西欧での伝播が加速した。インド発の簿記の概念と数字が進化しながら合わさり、貸借平均の原理に基づいた、組織的に取引を記録・計算・整理する記帳法である複式簿記が生まれたのである。

複式簿記が生まれるまでは、初めて会った人とビジネスをする際、その人が信用できるかどうかを判断することは難しく、その人の勘、もしくは誰か信用の置ける人のお墨付きが必要であった。複式簿記では、当事者二者が取引をそれぞれの帳簿に記帳して、借方と貸方をバランスさせる。複式簿記の発明により、帳簿を見ればその人や組織がどのくらいお金を持っているか、本当に信用できるのかが、誰でも判別できるようになった。

結果として、お金の貸し借りが活発化し、経済が急拡大した。これが、複式簿記の発明が革命的と言われる所以である。

活版印刷の誕生

グーテンベルグによる活版印刷の発明は、貨幣の大量生産、そして、貨幣経済システムの構築を可能にした。貨幣はモノと交換するための価値を備えているが、その価値を支えているのは、その貨幣を使う人々の相互信頼である。すなわち、貨幣を使うすべての人々が、「他の誰かが価値があると思っている」と思っているから価値がある。

活版印刷の登場で、あらゆる情報が大量に複製され、中央集権的な組織が生まれた。モノを造るための設計図や科学の進歩に貢献する論文が、正確かつ大量に複製されたことで、大量生産・大量消費社会が訪れ、株式会社や銀行が誕生した。貨幣経済システムが、これら中央集権的な組織の発展の土台となったのである。

また、活版印刷は16世紀の宗教改革ももたらした。それまで写本でしか手に入らない高級な聖書が、活版印刷を活用して大量に出版されたことで、安価になった聖書を一般庶民も読めるようになった。

結果として、ローマ教会がコントロールしていた聖書の解釈を批判する知識人が現れた。ドイツのマルティン・ルター（Martin Luther）やスイスのフルドリッヒ・ツヴィングリ（Huldrych Zwingli）、ジャン・カルヴァン（Jean Calvin）、スコットランドのジョン・ノックス（John Knox）等の知識人が率いる革新運動の中で、新しいキリスト教の信徒であるプロテスタントが生まれた。

同時に、プロテスタント（主にカルヴァン派）の唱えた「営利蓄財の肯定」や、「働かざる者、食うべからず」といった勤労の美徳を賞揚する考え方が、欧州における近代資本主義の倫理規範として拡がった。金融を生業とするユダヤ人の社会的な地位が高まって、ロスチャイルド家等が勃興し、国際的な銀行業の発展につながった。

グーテンベルグによる活版印刷術の発明は、貨幣経済システムや中央集権的組織といっ

図表3-1　ブロックチェーンは500年に一度の簿記・情報革命

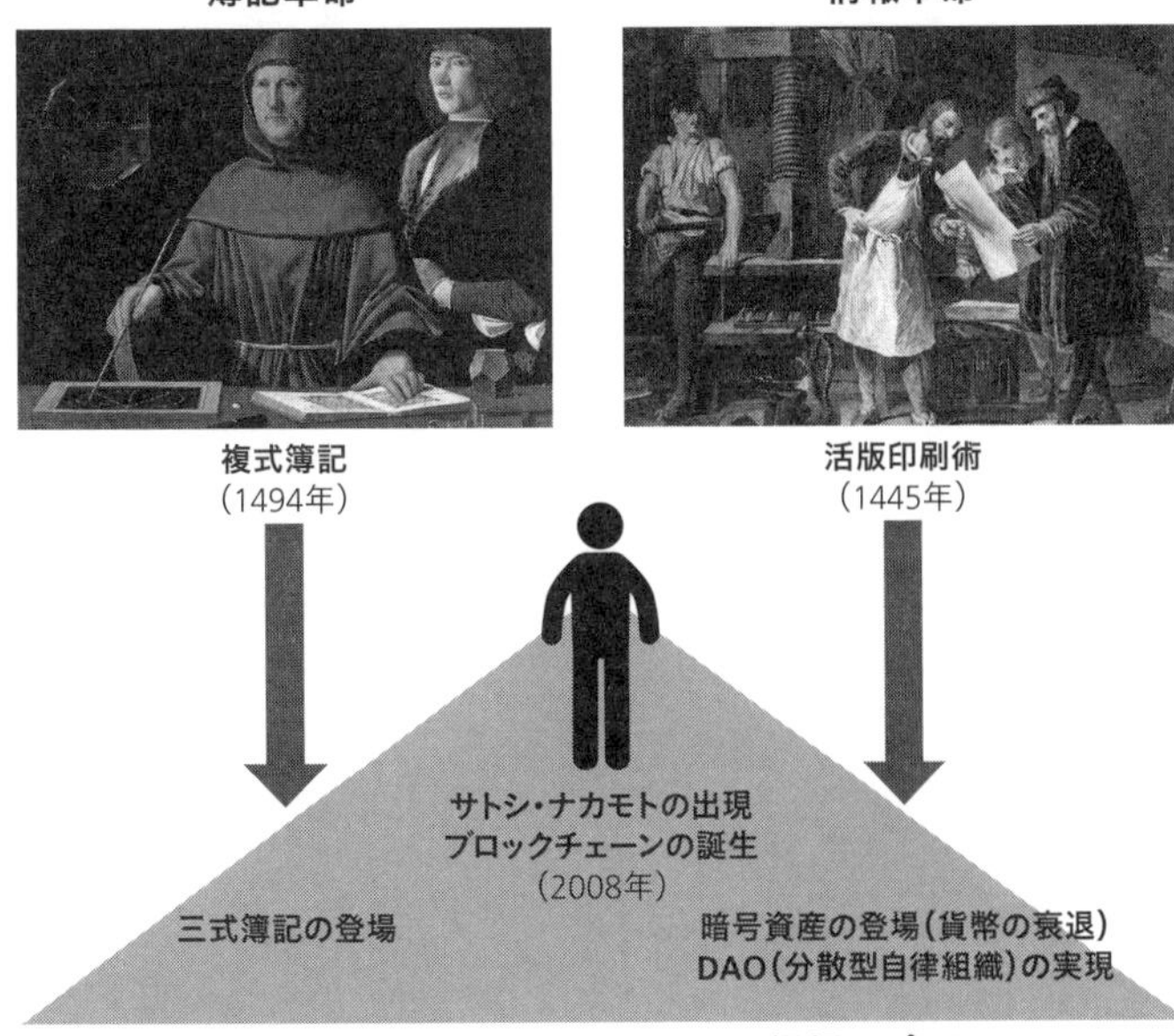

出所：筆者作成、画像＝Getty Images

た、新しい信頼のプロトコルの構築に大きな影響を与えたのである。

三式簿記の登場

では、ブロックチェーンがもたらそうとしている大革命とは何か。図表3－1で表す。

まず第一に、三式簿記（Triple-Entry Bookkeeping）が挙げられる。取引（トランザクション）が発生し、ブロックチェーン上に取引記録を行う際、複式簿記に代わって、この三式簿記というまったく新しい概念が取り入れられた。

三式簿記とは、ある取引について、複式簿記と同じく当事者二者の帳簿に記帳することに加え、分散した共有台帳にも書き込むことで、当事者の会計情報の正確性を担保するというものである。

財務会計においては、これまでの会計プロセスが大きく変わり、数多くの新しい会計手法を生み出すことが期待される。例えば、三式簿記を採用する株式会社のイメージはこのようになる。

ブロックチェーンにおける三式簿記は、監査法人の監査や社内会計士の作業に伴う多額のコストを大幅に削減することができる。これらのコストは、株主、債権者、政府当局者などの社外ステークホルダーが、企業財務情報の妥当性や信頼性を検証できるようにするために必要な、信用コストであった。なお、信用コストは、取引コストの一種である。

三式簿記では、二者間のすべての取引が、ブロックチェーン上に記録されるため、数字・データを改ざんすることは不可能である。また、取引データをいつでも見られるように公開しておけば、株主や会計士など第三者が効率的に情報を検索したり、検証することができる。第三者はリアルタイムで財務情報を確認することができる。

完全に公開することが不安であれば、監督当局、役員、主要株主など情報共有が必要と思うステークホールダーだけにアクセスを制限してもよい。加えて、企業の製品・サービスの販売記録や経費処理などは、タイムスタンプ（電子的時刻証明）付きでブロックチェーンに記録され、財務諸表は自動的に作成される。

クラウド等を通じて常時接続された環境であれば、企業と監査人の間で行われる証票やデータのやり取りの時間が不要となり、リアルタイムで仕訳データをモニタリングすることができる。紙ベースで手入力していた作業も不要となり、入力ミスがなくなる。また、会計監査は通常、過去の取引を対象とするが、自動化の進展で、監査の実施が過去から現在へ、頻度は都度からリアルタイムに変わる。そして、企業はブロックチェーンの財務情報を改ざんできないので、企業会計の不正は起こりにくくなる。

大企業は会計記録が透明化される三式簿記を、むしろ嫌う可能性はある。とりわけ経営者は、収益の計上方法や減価償却の方法、営業権の扱いなどにある程度の自由度を残しておきたいという気持ちがある。

そうであっても、三式簿記を採用することによるメリットは大きい。従来の複式簿記で課題となっている信用コストを大幅に削減できるだけでなく、財務諸表の透明性を高めることで、バリュエーション（企業価値評価）が上がる可能性が高い。

今や機関投資家の多くが厳しいコーポレートガバナンス要件を課していて、それを満たさない企業には投資をしないという方針を取っている。財務情報がクリアな会社の方が、投資家は投資しやすい。将来、コーポレートガバナンス要件に三式簿記が含まれる可能性はある。実際、米国では、ブロックチェーン開発会社のバランス社（Balanc3）が、すでにイーサリアムを使った三式簿記会計システムの開発に取り組んでいる。

このように、特に企業は、三式簿記により、信用コストを大幅に削減することができる。個人においても同様に、この取引コストを削減することが可能になる。自分が他者に提供するデータが正しいことや信用力を証明する際に、これまでに必要であったコストを省くことができるからだ。

新しい信頼のプロトコル

ブロックチェーンがもたらす情報革命としては、新しい信頼のプロトコルを創造することを指す。それは非中央集権的な分散ネットワークの中で、新しい通貨と組織の概念が生まれつつあるということで説明ができる。2009年のビットコインの登場を皮切りに、数々の暗号資産が生まれ、モノでできた貨幣が衰退し、暗号でできたデジタル通貨が普及し始めている。そしてこれからは、ブロックチェーンと暗号資産を基盤とした、分散型自律組織（DAO：後述）が次々に誕生する。

ブロックチェーンにおける、世界的なオピニオンリーダーのアレックス・タプスコット氏（Alex Tapscott）の言葉を借りると[1]、20XX年にはこのようなDAOが生まれる。

DAOでは、従来型の組織と違い、日々の意思決定のほとんどをプログラムが実行する。CEOやマネジメント職を置く必要はない。数々の自律エージェント（としてのAI）は、指示がなくても、スマートコントラクトに則って、自ら適切に判断し、行動する。従って、CEO含むマネジメントに多額の報酬を支払う必要はない。肩書だけの管理職やムダな社内手続きが不要になる。社内政治も存在しない。自律エージェントは明確な目的に向かって合理的に仕事を進めていく。

人間の従業員やパートナー企業も、スマートコントラクトのもとで仕事をする。給料は月給や週休ではなく、決められた仕事を完了した瞬間に受け取ることが可能になる。従業員が人であろうと自律エージェントであろうと本質的な違いはないので、気づいたら自分に指示を出しているのが、人ではなく自律エージェントだったということもあり得る。

もっとも、自律エージェントの「上司」は無茶ぶりせず、礼儀正しく接し、指示が合理的であるため、肉体的・精神的負担が少なくなる。スマートコントラクトの中にマネジメント科学を組み込み、仕事の割り当てと評価を誰もが納得できる形で実行できれば、人間の従業員は今よりずっと楽しく働けるようになり、DAOでの仕事以外の時間が増える。

結果として、人は創造力を豊かにする活動により多くの時間を割くことができる。DAOの顧客は迅速で公平なサービスを受けられるし、株主はリアルタイム会計のおかげで、今より高い頻度で配当を受け取れるようになる。経営は明確なルールのもとで公明正大に行われ、まるでオープンソースソフトウェアのように見通しの良いビジネスが実現される。

実は、ビットコインはDAOの一種である。例えばビットコインを株式、ビットコインの所有者を株主だとすれば、ビットコインのシステムは株式移転を業とする組織とみなせる。マイナー(「採掘者」:ブロックチェーンのブロックを生成するコンピューター)は従業員である。「従業員」は、労働への対価・報酬として、「株式」の一部を受け取る。組織を実現するための技術を、「従業員」たちで構成する開発コミュニティが維持しているが、この「組織」には経営者がいない。DAOは単なるアイデアではなく、すでに世の中で生まれ始めている。

500年前の大変革に似ている

500年前の欧州は、ルネッサンスの真っただ中であった。1348年から1420年に欧州で大流行したペストが終息した直後は、それまでの既得概念を打ち破るべく、様々なイノベーションが創造され、新しい秩序が生まれた。奇しくも今、我々が目の前にしている新型コロナウィルスのパンデミック、そしてブロックチェーン社会の拡がりは、500年前の大変革期の状況と似ている。ウィズコロナ時代に向けて、ブロックチェーンは通貨と信用システムにおける既得概念を根底から覆し、新しい経済と社会の世界秩序を生む技術・コンセプトになりつつある。

2 SDGs達成を加速させるブロックチェーン

ブロックチェーン技術の活用に積極的な国連

「デジタル時代に国連がその任務をより良く果たしていくためには、持続可能な開発目標（SDGs）の達成を加速させる、ブロックチェーンのようなテクノロジーを取り入れる必要がある[2]」

"For the United Nations to deliver better on our mandate in the digital age, we need to embrace technologies like blockchain that can help accelerate the achievement of

Sustainable Development Goals"

2019年12月29日、国連のアントニオ・グテーレス事務総長（Antonio Guterres）が米フォーブスへの寄稿で述べた言葉である。

世界が合意したSDGsの達成に向けて、国連は、AIやバイオテクノロジー、ブロックチェーンなどのデジタル技術が世界的課題の解決策を生み出すものとして、その発展を期待している。中でも、積極的に活用を試みているのがブロックチェーンである。なぜなら、SDGs達成に向けた重要なテーマである、ソーシャルインクルージョン（Social Inclusion：社会的包摂）を実現するために、ブロックチェーンの活用が欠かせないからである。

SDGsのキモはソーシャルインクルージョン

SDGsについて簡単に説明する。今や世界の共通言語となり、ビジネスの新潮流となったSDGsは、2015年9月に国連サミットで採択された「持続可能な開発のための2030アジェンダ（The 2030 Agenda for Sustainable Development）」にて、2030年までに持続可能でより良い世界を目指す国際指標として作成された。SDGsは17のゴール、169もの様々なターゲットから構成されている。

国連はＳＤＧｓにおけるスローガンとして、「誰ひとり取り残さない（No one will be left behind）」を掲げている。そして、ＳＤＧｓ達成に向けた施策を、「最も遠くに置かれた存在の人たちに、最初に届くように努力する（To endeavour to reach the furthest behind first）」ことで、すべての人が持続可能な開発の恩恵を享受することを目指している。

数多いターゲットからなるＳＤＧｓのキモは、このスローガンからわかるように、ソーシャルインクルージョンという言葉で表現することができる。ソーシャルインクルージョンとは、社会参加・活躍のハードルを下げることで、国籍や年齢、性別や障がいの有無を問わず、誰もが潜在能力をフルに発揮し、自らが希望する社会に自由に参加できるようにすることである。

ブロックチェーンがSDGs達成に貢献する6つのこと

ソーシャルインクルージョンの具体例はどういったものがあるか。そして、その実現のために、ブロックチェーンはどのように活用されているか。それは、国連開発計画（ＵＮＤＰ）の公式サイト「Beyond Blockchain」で、「ＳＤＧｓ達成のためにブロックチェーンができる6つのこと」として、ユースケースとともに、このように説明されている。

①金融包摂の促進（Support financial inclusion）

世界銀行によると[3]、世界には銀行口座を持たない、または銀行へのアクセスがない成人が17億人もいる。貧しい地域の人たちにとって、銀行口座を持つための最低残高や、決済の最低支払額、システム手数料といった壁があまりにも高すぎる、ということが背景にある。銀行口座を持てない人々は、経済活動に参加できず、これにより、貧富の差がさらに拡大している。

タジキスタンでは、銀行口座の保有率が低いにもかかわらず、40％の世帯がロシアを中心とした海外で出稼ぎする家族からの送金に依存している[4]。UNDPはフィンテック企業と、ブロックチェーンを活用した国際送金ネットワークとモバイルアプリを開発した。電話番号とデジタルIDを入力するだけで、ユーザーはアカウントを開くことができる。これにより、現金受け渡しのための余計な旅費を省くことができ、また、より迅速かつ簡単に送金できるようになった。

②エネルギーへのアクセスを改善する（Improve access to energy）

国際エネルギー機関（IEA）によれば[5]、農村地方を中心に、世界では未だ約10億人が十分な電力にアクセスできていない。地域コミュニティがブロックチェーンを活用すれば、再生可能エネルギーやスマートメーターなどのＩｏＴを駆使しながら、スマートグリッドで電力の地産地消及び余剰電力の販売ネットワークを構築することができる。

エネルギーの74％を輸入に頼り、燃料価格が過去5年間で50％以上値上がりしている、東欧のモルドバでは、同国最大の大学施設に大量のソーラーパネルを設置し、各パネルの所有者は電力を外部の企業や学校、住宅に提供することで、報酬としてトークン（暗号資産）を受け取ることができる[6]。

③責任ある生産・消費（Produce and consume responsibly）

今やほぼすべての国がグローバルなサプライチェーンネットワークに依存しており、効率的で透明性の高いサプライチェーン管理の実行は、優先順位の高い経営課題となっている。トレーサビリティの向上と、取引コストの削減につながるブロックチェーンの活用は、生産及び消費活動の習慣を大きく変えることができる。

数千年もの長い歴史を誇るエクアドルのカカオ栽培では昨今、多くの農家がバイヤーから適正な報酬を受け取ることができず、経営破綻の危機に直面している。ＵＮＤＰとオランダの非政府組織フェアチェーン財団（FairChain Foundation）は、カカオ農家へのフェアトレードを目指し、ブロックチェーンを活用したプロジェクトを立ち上げた。

エクアドル農家のカカオから生産されたチョコレートバー「The Other Bar」のパッケージには、QRコードが記載されている。このQRコードをスマホでスキャンすると、チョコレートバーの原材料が公平かつ持続可能なかたちで調達されているかがわかるようになっており、カカオやチョコレートバーの流通経路や製造工程、加工業者、生産者、さらにはカカオが収穫された木まで確認することができる。

そして、購入価格に含まれているトークンを利用して、消費者は直接、カカオ農家に寄付できるようになっている。透明性の高いトレーサビリティに安全や安心を感じ、顔が見える生産者を応援する目的もあって、トークンを含む商品が割高であっても、それを購入することで社会貢献ができる。

このような、いわゆる倫理的消費（Ethical Consumption）が、最近では世界的潮流になりつつある。製品のトレーサビリティがブロックチェーンによって保証されていることで、農家はより適切な報酬を得られるようになった。

④環境保護（Protect the environment）

商業伐採や火災による森林の喪失は、未だ解決されていない深刻な環境問題のひとつである。レバノン杉は毎年960万本が森林火災で焼失し、世界遺産に指定されているレバノン杉の森の面積は急速に縮小している。

レバノン杉の植林に対し、報酬としてトークンを付与するプロジェクトがある[7]。レバノン国外に住むディアスポラ（祖国を離れた人々）やCSR（企業責任投資）に関心が強い企業が、投資家としてクラウドファンディングに参加し、レバノン杉を１本植えるごとに、その投資家と植えられた杉を守るコミュニティに対して、暗号資産「CedarCoin（杉コイン）」が与えられる。これは、環境意識の高い行為に報酬を与え、自然保護への貢献を可視化する仕組みである。

また、CedarCoinは太陽光発電技術への投資にも採用される予定で、脱炭素社会の実現に貢献する行為にトークンを与えるものとなる。

⑤法的アイデンティティの提供（Provide legal identity for all）

アイデンティティの証明は、医療や配給、法的保護、金融サービスへのアクセスにとって必要不可欠である。しかし、世界中に7000万人以上いるとされる難民の中には、パスポートなどの法的アイデンティティを持っていない人が数多く存在する。

２０１７年に国連世界食糧計画（ＷＦＰ）は、ヨルダンのシリア難民向けに、固有性のある生体情報の眼の虹彩をデジタルＩＤとして記録する、ブロックチェーンプラットフォームを構築した。パスポートを持たない難民たちは、現金やバウチャーの代わりに、虹彩をスキャナーで確認する生体認証で、食料やサービスを受給することが可能になった。

このソリューションを活用することで、WFPはアナログな既存の方法に比べ、金融サービスに関連する管理コストを98%削減し、また、よりスムーズに医療や食品、教育などを難民に提供することに成功した。難民のデジタルIDをブロックチェーンで管理することで、難民への適切かつ迅速なサービスを提供することができ、また、難民に紛れ込んだ犯罪者やテロリストをあぶり出すことも可能になる。

⑥寄付の効果向上(Improve aid effectiveness)

暗号資産を使った寄付のメリットは、透明性の担保と送金における仲介者の排除にある。グローバルで開発促進を目指すUNDPは、多額の寄付マネーを流通させている組織である。そのため、非効率的な寄付の収集を識別し、寄付の効果を向上させ、贈賄や腐敗と戦うため、ブロックチェーンを活用するのは合理的である。

国連児童基金(ユニセフ)は2019年10月に「ユニセフ暗号通貨ファンド(UNICEF Cryptocurrency Fund)」を設立し、ビットコインやイーサといった暗号資産による寄付の受領を始めている。

取り残されている人々と出遅れていること

持続可能な開発にて、「取り残されている人々」（Who left behind）の多くはどこにいるのか。そして、SDGs達成に向けて、出遅れていることとは何か。独ベルテルスマン財団と持続可能な開発ソリューションネットワーク（SDSN）が、様々なデータを基にして2016年から毎年発表している、国連加盟全193か国のSDGs達成度（SDGsインデックス）から、それらを知ることができる。

SDGsインデックスを主要国・地域及びSDGsの目標別にまとめたのが、図表3－2である。SDGsインデックスは世界平均が66となっているが、この世界平均を下回っている国・地域は、インド（61・1）と中東（64・5）、そしてアフリカ（55・1）となっている。

SDGsの目標別で見ると、達成に向けて特に出遅れ感が強いテーマとして、達成度が極めて低い（35・1）、インフラと技術革新への継続的な投資（SDGs目標9）が挙げられる。同目標での達成度合いを地域別に見てみると、日本や欧米そして中国といったインフラ・技術革新における先進国・地域と、ASEANやインド、中東、アフリカといった、その他の新興地域との開きが非常に大きいことがわかる。

図表3-2　SDGsの達成度が低いインド、中東、アフリカ

	日本	欧州	米国	中国	ASEAN	インド	中東	アフリカ	世界平均
SDGsインデックス（全17目標平均）	**78.9**	**76.8**	**74.5**	**73.2**	**66.5**	**61.1**	**64.5**	**55.1**	**66.0**
SDG 1 貧困解消	99.0	98.9	98.9	97.4	85.0	71.4	94.4	38.1	**74.4**
SDG 2 飢餓撲滅	68.0	61.2	66.0	71.9	57.1	42.6	49.8	47.2	**53.6**
SDG 3 健康・福祉	94.9	89.1	89.5	81.1	68.2	58.8	75.7	47.0	**70.0**
SDG 4 教育	98.1	93.8	89.3	99.7	85.8	80.2	76.7	52.2	**76.9**
SDG 5 ジェンダー平等	58.5	72.1	73.4	76.3	63.2	33.2	42.8	51.3	**60.2**
SDG 6 水・衛生	84.5	85.5	85.0	71.8	71.1	56.6	55.6	51.8	**67.6**
SDG 7 持続可能で近代的なエネルギー	93.4	90.8	93.2	76.9	70.1	65.4	86.3	39.6	**71.1**
SDG 8 経済成長・雇用	88.5	78.3	85.2	87.4	73.2	83.2	65.2	63.5	**71.6**
SDG 9 インフラと技術革新への投資	79.9	58.2	83.3	61.9	37.3	28.7	40.3	16.0	**35.1**
SDG 10 国内・国家間の平等	76.8	77.6	47.7	59.5	60.7	49.0	68.1	47.9	**59.1**
SDG 11 持続可能な都市・コミュニティ	75.4	83.7	82.5	75.1	77.4	51.1	58.9	59.5	**71.8**
SDG 12 持続可能な消費・生産	55.6	59.8	36.5	82.0	83.5	94.5	69.8	91.5	**77.4**
SDG 13 気候変動対策	90.4	86.4	66.1	92.0	88.9	94.5	76.9	91.3	**86.6**
SDG 14 海洋資源	53.6	49.1	60.9	36.2	44.3	51.2	45.3	54.1	**50.5**
SDG 15 陸上資源	70.0	75.1	76.9	62.7	48.2	51.1	53.9	67.8	**64.8**
SDG 16 平和	90.3	78.9	76.1	63.4	66.2	61.3	66.5	55.6	**66.0**
SDG 17 グローバル・パートナーシップ	64.9	67.9	56.2	49.5	49.9	65.7	70.3	62.0	**64.5**
インターネット普及率（%）	**90.9**	**80.9**	**75.2**	**54.3**	**54.4**	**34.5**	**68.0**	**25.2**	**52.2**
金融口座・モバイルマネー保有率（%）	**98.2**	**85.1**	**93.1**	**80.2**	**50.6**	**79.9**	**58.1**	**38.5**	**58.8**

注1：世界平均を下回る数字をハイライト
注2：インターネット普及率は全人口に対するインターネット利用者数の割合
注3：15歳以上で銀行及びその他金融機関の口座を保有するか、モバイルマネーを利用する者の全人口に対する割合
出所：Sachs, J. et al.（2019）を基に筆者作成

Z世代は「ウェブ3・0世代」

これらの「新興地域」に共通した特徴は、人口が若いということであり、とりわけ1995年以降に生まれたジェネレーションZ（Z世代）と言われる若者の割合が非常に高いということが言える。Z世代はミレニアル世代（1980〜1990年代半ば生まれ）に育てられてきた世代で、ポストミレニアル世代とも言う。

なお、Z世代がいつ生まれたコホート（人口集団）かは明確に定義されていないが、世界では一般的に、1990年代半ばから2010年代初頭に生まれた若者を指している。本書では、SDGsの達成を目指す2030年に同世代が中核世代となることから、1995年以降に生まれた若者すべてとする。

図表3-3は、国連が公表する2020年央時点の主要国・地域別人口推計値を基に、世代別の人口構成比を表している。現在、世界の人口の41%と、最大の人口規模を誇っているのが、Z世代である。その次に多いのがミレニアル世代で、全人口の22%を占めている。これらを合わせると、現在、40歳以下の若者の数は、世界人口の63%とおよそ3分の2の規模になっている。

中でも、ASEAN、インド、中東、アフリカは、Z世代の人口構成比が世界平均を上回

図表3-3　Z世代の割合が高いASEAN、インド、中東、アフリカ
世代別人口構成比（2020年推計）

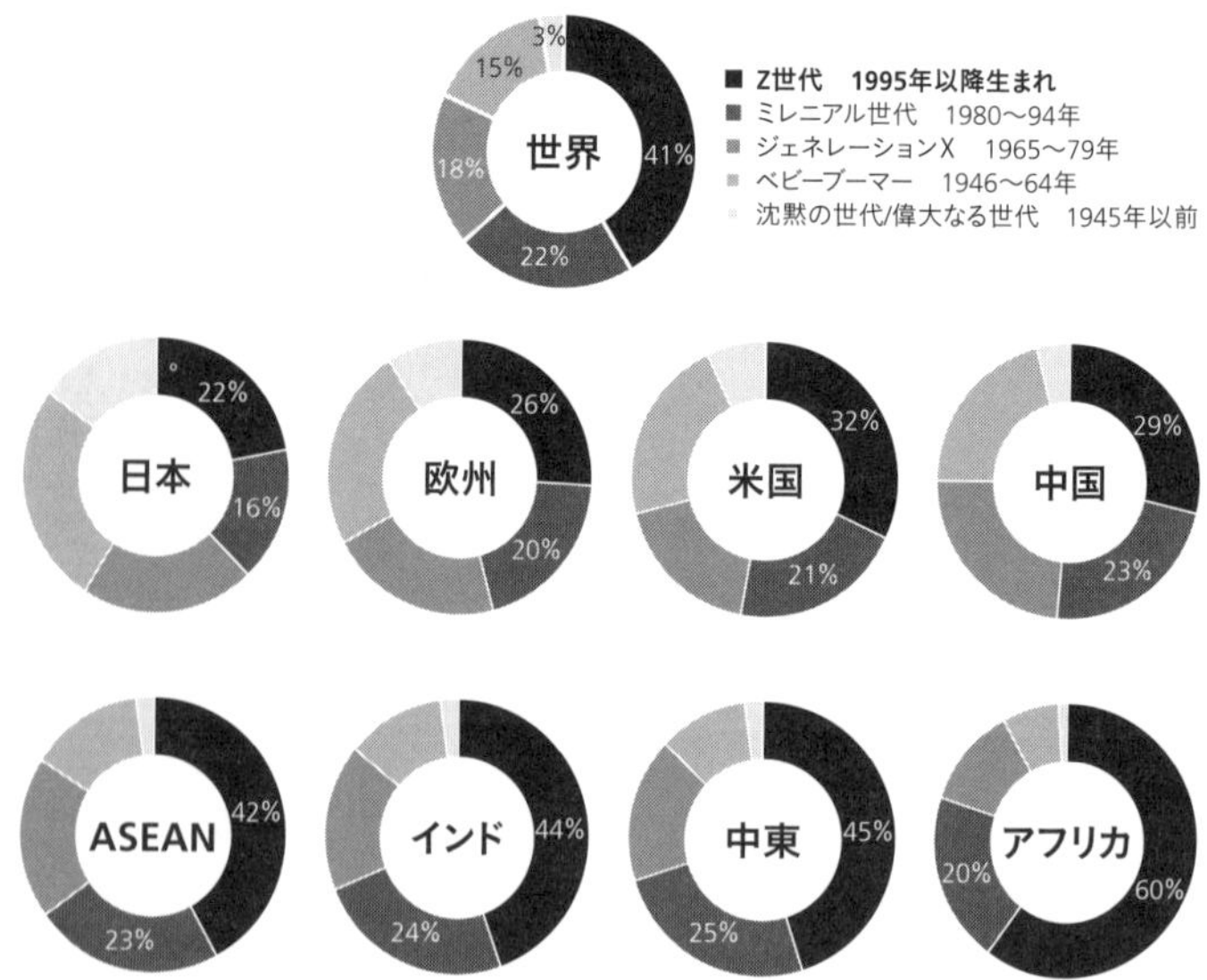

出所：国連の公表データを基に筆者作成

っており、アフリカのそれは60％と突出している。これら地域では、40歳以下の若者の割合は70％近くとなっており、アフリカは80％となっている。

今の若者世代は、ただ若いだけではない。デジタル化の波を目の当たりにしながら、情報技術の発展と共に育ってきた世代である。ミレニアル世代はデジタルパイオニアとして、これまでの約20年間、ヤフーやグーグルなどの検索エンジンや携帯端末、インス

タントメッセージの台頭を牽引してきた。そのミレニアル世代に育てられてきた、生粋のデジタルネーティヴであるZ世代は、デジタル社会での主役に躍り出たが、彼らの価値観はミレニアル世代と比較しても大きく異なる。

右肩上がりの経済成長を疑うことなく、伝統的な価値観を持つベビーブーマーに育てられたミレニアル世代と違い、Z世代は経済の隆盛と衰退の両方を経験しているミレニアル世代に育てられている。加えて、様々な社会・経済問題をSNSで知り、学校教育で環境問題や持続可能性について教わっているため、ミレニアル世代と比べて、Z世代はより現実的な世界観や人生観を持っている。

デジタルコネクティビティを最大限に活用し、最新情報や価値観を常に吸収できるZ世代は、グローバル化の負の側面である不安定な社会と経済環境を生き抜くため、レジリエンス（危機耐性）を高めるための自主独往の精神と目的意識を強く持つ傾向にある。そして、社会に対しては、グローバルで人間の平等を尊重するダイバーシティ（多様性）に加え、自分の個性や意見が比較的自由に表現できて、それを採り入れてくれるようなインクルージョン（包摂性）を求める。

したがって、非中央集権的な分散型ネットワークで成り立つブロックチェーン社会の到来を、Z世代は違和感なく受け入れることができる。実際、ブロックチェーン技術を創るのも、利用するのもZ世代が多い。Z世代は「ウェブ3・0世代」と言えるのである。

実は、「持続可能な開発（Sustainable Development）」または「サステイナビリティ（Sustainability）」という言葉の成り立ちをみてみると、ソーシャルインクルージョンには、未来を担う世代を重視して経営する、という意味が含まれている。

持続可能な開発という概念が初めて取り上げられたのは1987年、ノルウェーのブルントラント首相（Gro Harlem Brundtland）が委員長を務める、国連の「環境と開発に関する世界委員会」（通称、ブルントラント委員会）が発表した報告書「我ら共有の未来（Our Common Future）」である。そこでは、持続可能な開発はこう定義されている。

「将来の世代のニーズを満たす能力を損なうことなく、今日の世代のニーズを満たすような開発」

"Development that meets the needs of the present without compromising the ability of future generations to meet their own needs"

2030年も世界の中核世代であるZ世代に対し、組織や企業は、ブロックチェーンを活用しながら、多様性と包摂性を向上させる経営に注力することが、SDGs達成への近道となる。

デジタルデバイドの解決策として有効的なブロックチェーンの活用

さて、SDGsの達成度が最も低いテーマである、目標9「インフラと技術革新への投資」では、具体的に何が課題となっているのか。それは、実際に同目標の構成要素となっている、インターネット普及率が低いことにある。図表3－3で示す通り、全人口に対するインターネット利用者の割合は、全世界平均が52・2％であるのに対し、インドは34・5％、アフリカでは25・2％と低い水準となっている。

インターネット社会において、いわゆる「デジタルデバイド（Digital Divide）」と呼ばれる、多くの人がインターネットの恩恵を受けられない状況が、経済的、社会的な格差を生んでいるという問題がある。

インターネットは人類に数多くの成果をもたらした一方で、すべての人々に豊かさをもたらしていない。前述の通り、世界の人口の約半数がインターネットにアクセスできていないからだ。

「データは新しい石油」と言われる昨今、インターネットの活用でデータが生み出す価値を享受し富を蓄積する者と、そうでない者との間で、貧富の格差は拡がっている。これは発展途上国だけでなく、先進国でも起きていることだ。先進国であっても、所得や年齢、人種や教育の違いなどに起因する、データ活用の機会損失が、社会参画の妨げとなっていることもデジタルデバイドのひとつとなっている。

アフリカで急速に普及する暗号資産

デジタルデバイドの解決策のひとつとして、世界中で取り組みが活発化しているのが、暗号資産の創造である。今、暗号資産が最も注目されている地域は、アフリカと言える。インターネット普及率の低さに加え、金融口座とモバイルマネー保有率が低いアフリカでは（図表3－3）、ブロックチェーン技術を活用した暗号資産の普及が加速している。

代表例として、ケニアを中心にアフリカの7カ国にて、国際決済で利用できる暗号資産ビットペサ（BitPesa）が挙げられる。手続きが複雑で高コストな銀行の海外送金サービスと比べ、ブロックチェーンの活用で銀行口座が不要なビットペサは、効率的かつ安価な送金を実現する暗号資産として、2013年の誕生以来、着実に個人と法人の利用者を増やしている。また、ビットペサは、提携する約90カ国へ送金することができるため、グローバルで認知されたデジタル通貨となっている。加えて、ビットペサはケニアで普及しているモバイルマネーのエムペサ（M-Pesa）とも連携しているため、モバイルマネーからの国際送金が可能である。

なお、エムペサは、SMS（ショートメッセージングサービス）で手続きや本人認証をし、携帯電話で送金から出金、支払いまでもできるモバイルマネーである。ケニアだけでなく周辺国、そして、欧州ではルーマニアなどで流通している。ケニアはインターネット普及率が18%と低いが、携帯電話の普及率は85%とアフリカの中では突出して高く、インターネット接続がなくても、SMSで送金ができるモバイルマネーが流通し、それが暗号資産と連携しているのである。

アフリカでの暗号資産の他の例では、赤十字が、現金の不足から商品やサービスを売れず、生産意欲が低いままの状態が続くケニアなどで、地域デジタル通貨の発行を計画している[8]。

このデジタル通貨は、携帯電話のSMSでの転送が可能で、自動的にブロックチェーンに記録されたクレジットを用いる。現地住民が給与や売上、援助で得たデジタル通貨は、消費で使うことができ、地域経済の活性化につながる。取引がブロックチェーン上に記録され、クレジットの活用状況を寄付者がリアルタイムで見られるため、赤十字への寄付が適切に住民に届いているかどうかが把握できるという。寄付運営の透明性向上が、このデジタル通貨を発行するインセンティブとなっている。

このように、インターネットへのアクセスがなく、銀行口座を持っていなくても、暗号資産が人々の経済活動への参加を容易にさせ、金融包摂の役割を担っている。デジタル化への適応力が高いミレニアル世代やZ世代の多いアフリカでは、暗号資産のみならず、再生可能エネルギーを活用した電力グリッドや、サプライチェーンのトレーサビリティなど、フィンテック以外でのブロックチェーンの活用も進むだろう。

日本の自動車産業にとっては、アフリカは中古車輸出の最大市場であり、昨今では中古部品の流通も活発となっている。近い将来、暗号資産での決済をベースに、中古車流通が活性化するだろう。次世代モビリティビジネスやスマートシティの構築でも、人口が若いアフリカには、ブロックチェーンの活用で、急速にイノベーションを進められる「地の利」があると言える。

SDGs達成に向けたモビリティでのブロックチェーン活用

ブロックチェーンは、フィンテックからその他の非金融分野へと適用領域が拡がっている。その中でも、ブロックチェーンと最も密接な関係となり得るのは、全世界にサプライチェーンとバリューチェーンを張り巡らせている自動車産業である。

世界共通言語となったＳＤＧｓの達成を目指す上で、自動車産業はいかに暗号資産とブロックチェーンを活用し、新しいビジネスを築いていくべきか。次章から、具体的なユースケースを説明する。

3 ブロックチェーン革命を知る上でのキーワード

ここでは、ブロックチェーンを知る上で重要な言葉や技術について簡単に説明する。これらは用語説明であるので、スキップして、次章に読み進んでも問題はない。

トランザクション（Transaction）

ブロックチェーンの世界で「トランザクション（取引）」とは、一般的には送金を指す。ブロックチェーンの取引では必ず、誰かから誰かへの送金を伴う内容が記載されている。お金を入手するごとにウォレットアドレス（後述）が生成され、送金時にはウォレットアドレス単位で「入力（Input）」部分に書き込む。そのトランザクションが送り手によって正しく作られたことを証明するために、作成日時のタイムスタンプと電子署名が施されている。

ウォレット(Wallet)

暗号資産はブロックチェーン上に記録されている数字にすぎない。その数字を操作するために必要な鍵が保管されているのが、ウォレットである。「ウォレット」と言うからには、さもコインが入っているものと捉えられそうだが、ウォレットの実態は公開鍵暗号の鍵そのものである。公開鍵暗号とは、あるコインを特定の人に送付して、その人だけが使えるようにするという、暗号資産を実現するための最も根源的な仕組みを提供するものである。暗号資産を入手するためには、ウォレットを持つことがまず必須である。

ユーザーにとって、ウォレットは「ミラーワールド」へのポータルにもなり得る。なぜなら、ウォレットには、暗号資産取引に必要なウォレットアドレス(後述)の他に、永続的なデジタルIDに紐づくデジタルペルソナ(サイバー空間においてユーザーをバーチャルに表現したもの)またはアイデンティティを格納することができるからだ。

ウォレットアドレス(Wallet Address)

ウォレットにはウォレットアドレスが管理されている。ウォレットアドレスは、例えるならば銀行の口座番号のようなもので、暗号資産の送付先を特定するための文字列であり、暗号資産の「口座」にあたるウォレットを指定するものである。

暗号資産の管理には、秘密鍵と公開鍵と呼ばれる2種類の鍵が利用される。秘密鍵とは、暗号資産の取引における「暗証番号」の役割を果たす文字列で、英数字64文字で生成されている。秘密鍵は暗号資産を管理する上で最も重要なものであり、厳重に保管する必要がある。公開鍵は、秘密鍵と併せて使用することで、暗号資産を管理する際のセキュリティを高めるものである。公開鍵は秘密鍵から生成される。最終的に、ウォレットアドレスは公開鍵から生成される。

ウォレットアドレスには、インターネットに接続された端末で運用されるホットウォレットと、オフライン環境に置かれた端末で運用されるコールドウォレットの2種類がある。ウォレットアドレスからどこかに送金する場合、ウォレットアプリを必ず一度はインターネットに接続して、取引データをブロックチェーンのネットワークに放出しなければならない。その際に、暗号資産を動かすための取引に関する署名手続きをどこでやるかによるが、インターネットにつながっているスマートフォンやウェブサービスで行うケースが、ホットウォレットに該当する。暗号資産の出入りが比較的頻繁な場合はホットウォレットが使われるが、秘密鍵がオンライン上に少しでも晒されるリスクが避けられない。

他方、トランザクションに電子署名を施すまではオフライン環境で行い、その署名済みのトランザクションをネット環境に持って行って、ブロックチェーンのネットワークに放出だけする運用方法もある。これを、コールドウォレット運用という。コールドウォレットの運用であれば、ハードウェア上でトランザクションへの署名を行えるハードウェアウォレットが必要となる。

マイクロペイメント（Micropayment）

数円から数百円といった少額の決済をクレジットカードなどの支払いシステムで行うと、購入代金よりも決済手数料の方が高くなってしまうことがあり、決済手段として現実的ではない。その問題を解決するためのマイクロペイメントは、無料化またはそれに近い格安の手数料で少額の金銭を支払う手段として考案された。

暗号資産は手数料が格安で送金できるブロックチェーン技術のひとつであり、マイクロペイメントに適している。額が小さすぎて値段をつけられないものに、値段をつけられるようにもなる。従って、あらゆる場面にて、支払いを設定することができる。細々とした、数多くの消費活動に対して、課金が可能になる。

なお、ビットコインの最小取引単位である1サトシ（Satoshi）は、ビットコイン換算で

0・00000001BTCとなるが、これは日本円換算で0・01円となる（2020年7月29日時点）。

スマートコントラクト（Smart Contract）

その名の通り、コントラクト（契約）をスマートに行える仕組みのことで、ブロックチェーン技術を利用した契約の自動化を指す。スマートコントラクトを活かすことで、中央機関や特定の管理者を介さずに、企業間・個人間で、いわゆるP2Pで取引を実現することができる。

スマートコントラクトという言葉は、1994年にニック・サボ（Nick Szabo）が考案したものだが、同氏による定義は以下のようになる。

スマートコントラクトとは、取引の条件を自動で実行するような、取引の電子的なプロトコルである。その全般的な目的は、一般的な契約条件（支払期日、抵当権、機密保持、確実な執行）を満たすこと、故意あるいは事故による例外を最低限にとどめること、そして仲介者の数や影響を最小化することである。これに関する経済的なゴールには、詐欺行為による損失を防ぎ、仲介コストや法的コストなどの取引コストを削減すること、などが含まれる[9]。

M2M取引・トランザクション（Machine-to-Machine Transactions）

機器同士が自律的にデータをやり取りすることで、取引を自動化する仕組み。

ＩｏＴとブロックチェーンを駆使して、車両にＭ２Ｍシステムを搭載すると、人の介在なしに、車両同士もしくは車両とインフラとの間でスマートコントラクトができるようになる。暗号資産とウォレット、デジタルＩＤを活用することで、その取引に伴う決済も自律的に実行される。これにより、いわゆるコネクテッドカーを中心とした、データマーケットプレイス（Data Marketplace）を構築することが可能になる。データマーケットプレイスとは、データの流通や売買を可能にする市場を指す。

分散型自律組織（Decetralised Autonomous Organisation：DAO）

ブロックチェーンを利用したスマートコントラクトが普及すると、これまでの組織とはまったく違うオープンネットワーク型の組織が生まれる。さらに、自ら周囲の環境を読み取り、状況判断をしながら仕事をする、ＡＩを搭載したデバイスやソフトウェア、すなわち「自律エージェント（Autonomous Agent）」が、自律的にリソース配分や経営を実行するようになる。

ブロックチェーンと暗号資産を基盤とし、中央の管理主体が存在せず、分散型で自動的・自律的に統治され、複数の自律エージェントがスマートコントラクトに組み込まれた方針に則って、組織の管理や運営を実現する組織のことを、分散型自律組織（DAO）と言う。

トークンエコノミー・トークン（Token Economy, Token）

トークンエコノミーとは、臨床心理学における行動療法のひとつとして生まれた考え方である。正確にはトークンエコノミー法（Token Reinforcement）と言うが、これは、患者（幼い子供）が望ましい行動をした時に、その患者におもちゃの紙幣などの報酬を与えて、それがたまったらお菓子と交換できる、または遊園地に遊びに行けるといったように、新しい行動を学習させる方法である。この報酬をトークン（ご褒美）と言う。子供にインセンティブ（報酬）を与えることで、モチベーション（動機）を付与し、管理者（親）や社会（家族）が望む方向に行動させることである。

転じて、経済学においてトークンは、日本円や米ドル等の法定通貨の代わりとなる代替通貨を意味することが多い。昨今、様々な経済活動において、特定の目的・範囲によって発行・使用される代替通貨として、このトークンが利用されることが増えてきている。全国の市区町村が発行・販売するプレミアム付商品券も、トークンのひとつである。

地域経済でのお金の流れを刺激するために発行されたトークンは、割引価格で代替通貨を入手できるというインセンティブによって、自治体が地域住民や域外からの来訪者に対して、その地域で消費活動を行うことを促すものである。特定の範囲や対象でのみ使用できるトークンを介して、閉じた経済圏を構築し、その中で、トークンの配布者が望むかたちの経済活動を、利用者に促すことが可能となる。

トークンは、共通の価値観を持った不特定多数の人々が、価値交換を行うコミュニティを形成するために必要なツールとなっている。コミュニティコイン（Community Coin）と呼ばれることもあるが、より大きい範囲の地域において流通するトークンは、地域通貨を創造することと言える。ブロックチェーン業界で、地域通貨創造の再考論が出始めている所以である。また、地域よりもさらに大きいスケールでは、国や民族に関係なく、特定の関心やライフスタイルでつながった人々が、ブロックチェーンとトークンをベースとした取引をする経済圏が創られていく。世界中でトークンエコノミーが拡がり、それらの経済圏における価値の流通媒体としてデジタル通貨が数多く生まれる可能性がある。

トークンエコノミーで使われるトークンは、ユティリティトークン、セキュリティトークン、ステーブルトークンと主に3つある。

ユティリティトークン（Utility Token）

企業等が自らのブロックチェーンのサービスを開発するために、ＩＣＯ（Initial Coin Offering）という暗号資産を用いた資金調達を行った際、その証明として配布されるトークン。

セキュリティトークン（Security Token）

ブロックチェーンによって記録される、特定の資産の所有権を表す暗号資産のことを指す。別名、アセットバックトトークン（Asset-Backed Tokens：ＡＢＴ）とも言う。特定の資産とは一般的に、株式、債券、不動産、通貨、コモディティ等の金融商品に加え、絵画、ブランド品などのコレクタブルも指す。狭義のセキュリティトークンは株式と債券のみを対象とする。

セキュリティトークンは有価証券の一種であると捉えられるので、各国の法律に従う必要がある一方、有価証券として流通する際の多くのプロセスがスマートコントラクトで自動化され、ブローカーやディーラーの役割が減ることにより、手数料が大幅に削減された効率的な市場を創ることができる。

ステーブルトークン（Stable Token）

安定した価格を実現するように設計されたトークンである。ステーブルコイン（Stable Coin）とも言う。価格を安定化させる方法は主に3つあり、①米ドルや日本円といった法定通貨を担保にし、法定通貨との交換比率を固定化する、②特定の暗号資産を担保にする、③法定通貨や暗号資産等の担保を保有せず、通貨の供給量を調整することで法定通貨と同様の値動きを目指すものである。なお、2019年6月に発表された、米フェイスブックが開発する暗号資産リブラ（Libra）は、法定通貨に紐づいたステーブルコインである。

社会関係資本・コミュニティキャピタル（Social Capital, Community Capital）

人々の協調行動が活発化することにより、社会の効率性を高めることができるという考え方のもとで、社会の信頼関係、規範、ネットワークといった社会組織の重要性を説く、物的資本（Physical Capital）や人的資本（Human Capital）などに並ぶ新しい概念を基にした資本のことである。コミュニティキャピタルとも言う。また、道路などの社会インフラや自然環境といった、社会が共有する資本としての社会的共通資本（Social Common

Capital）と言うこともある。

人々の協調行動が活性化することで培われるものであり、それが豊かに蓄積されるほど、社会や組織の効率性が高まるという考えが基にある。社会関係資本の例は、おもてなしや絆、環境といった、法定通貨では測定困難だが、不特定多数から評価されているような資本。ブロックチェーンのトークンは、社会関係資本を可視化・証券化するソリューションとなり得る。

一例としては、脱炭素への追求やSDGsが世界的な潮流となる中、二酸化炭素の削減努力を可視化するためのツールとして、ブロックチェーンを活用した二酸化炭素排出権のひとつとして、カーボンクレジットトークンの市場創造・拡大に関心が高まっている。

CAP定理（CAP Theorem）、ブリュワー定理（Brewer Theorem）

ブロックチェーンは万能ではない。ブロックチェーンの適用範囲には向き、不向きがある。

インターネットサービスに要求される主な性質に、「一貫性（Consistency）」「可用性（Availability）」「分断耐性（Partition-tolerance）」の3つが挙げられる。この3つの性質をすべて同時に満たすことは不可能であるということを、それぞれの性質の頭文字を取って、

CAP定理と言う。2000年に、UCバークレーの計算機科学のエリック・ブリュワー教授（Prof. Eric Brewer）が提案したのが始まりであることから、ブリュワー定理とも言われる。

一貫性とは、ユーザーがサービスにアクセスした時に、必ず最新情報を入手できることを保証するものであり、可用性とは、サービスが落ちない（停止しない）ことを保証するものである。分断耐性とは、ネットワークのどこかが切れた時でも、サービスが止まらないことを保証するものである。

ブロックチェーンは、システムやサービスが停止しないという、いわゆる「ゼロダウンタイム」（Zero Down Time：ZDT）を提供する技術というのが、データ共有システムとしての最大のウリである。これは、可用性を重視することであり、非中央集権的な分散システムなので、分断耐性を持つ。

しかし、一貫性をある程度犠牲にする。現実には、時間の経過とともに、一貫性を確固たるものにするための技術的対処が進められている。CAP定理を踏まえても、ブロックチェーンが優れたシステムであるという見方が増えており、これが昨今、ブロックチェーンへの注目が高まっていることの、ひとつの背景にある。

図表3-4　ブロックチェーンの形態

	パブリック型	コンソーシアム型	プライベート型
	自由参加型・非許可型	許可型	
管理主体	存在せず	複数の組織・企業に限定	単一組織
参加者	不特定多数（悪意あるユーザーを含む可能性有）	特定複数・管理者の許可制（参加者の身元が信頼できる）	組織所属者・管理者による許可制（参加者の身元が信頼できる）
合意形成	厳格な承認が必要（PoW、PoSなど）	厳格な承認は任意（特定者間のコンセンサス）	厳格な承認は任意（組織内の承認）
取引処理速度	低速（10分程度）	高速（数秒）	高速（数秒）
マイナー報酬	必須	任意	任意
メリット	自律分散型 高い非改ざん性	非中央集権的運用 迅速な取引承認	合意形成取りやすい 導入が容易で安全性高い
デメリット	取引承認が遅い 悪意ある参加者を排除するためコンセンサス手法が重要	承認の不透明性	永続性の不安

出所：筆者作成

パブリック、プライベート、コンソーシアムブロックチェーン

ブロックチェーンは、取引の承認を担うノードの相違によって、パブリック型、プライベート型、コンソーシアム型の3つの形態に分類される。

パブリック型ブロックチェーンは、自由参加型・非許可型（Permission-less）のブロックチェーンとも呼ばれるが、ビットコインなどの暗号資産で主に利用される形態である。中央管理者が存在せず、不特定多数の参加ノードがネットワーク上の取引を検証・承認する形態であり、「トラストレス（信頼関係不要）」な取引システムを実現することが可能である。承認作業にはPoW（Proof of Work）や

PoS（Proof of Stake）など参加者が不特定多数であっても合意できる方式を用いる。

プライベート型は、許可型（Permissioned）とも呼ばれるが、単独の中央管理者が存在し、身元が明らかで、管理者に許可されたノードのみがネットワークに参加可能な、取引の承認を複数の限定的なノードが行う形態である。参加者に対する一定の信頼が前提となるため、パブリック型との比較では、完全な「トラストレス」ではないが、より負荷の低い合意方式が利用可能である。このため、性能面の要求に対応しやすい特長がある。加えて、参加者が限られているため、運用・管理の面（特にコンプライアンスやセキュリティ）でも、対応がしやすい。

コンソーシアム型ブロックチェーンは、管理主体が複数の企業や組織から成る、パブリックチェーンとプライベートチェーンの中間に位置するブロックチェーンである。

コラム

ブロックチェーンの技術概要

ブロックチェーンの技術概要は、自動車部品メーカーのデンソーの技術論文[10]にて簡潔にまとめられているので、以下、抜粋掲載する。

分散台帳技術（Distributed Ledger Technology: DLT）

ブロックチェーンには「中央」がない。ブロックチェーンは、図表3－5に示すように、中央集権的なネットワーク構造を持たず、すべての参加者（ノード）が同等として扱われる。データはすべてのノードで等しく保管されており（分散台帳と言われる所以）、そのためにデータの改ざんがあっても、すぐに検出が可能である。

例えて言うならば、すべてのデータや取引を即時に新聞として公開してしまうという考え方である。データをすべてのノードで等しく保管しているため、例えば、2009年にスタートしたビットコインにおいても、致命的なシステムの停止が一度もなく、安定したサービスの提供が実現されている。これは、一部のノードに故障などの障害があっても、他のノードが補完することで、全体システムが動作するためである。単一障害点（Single

図表3-5　ブロックチェーンには「中央」がない

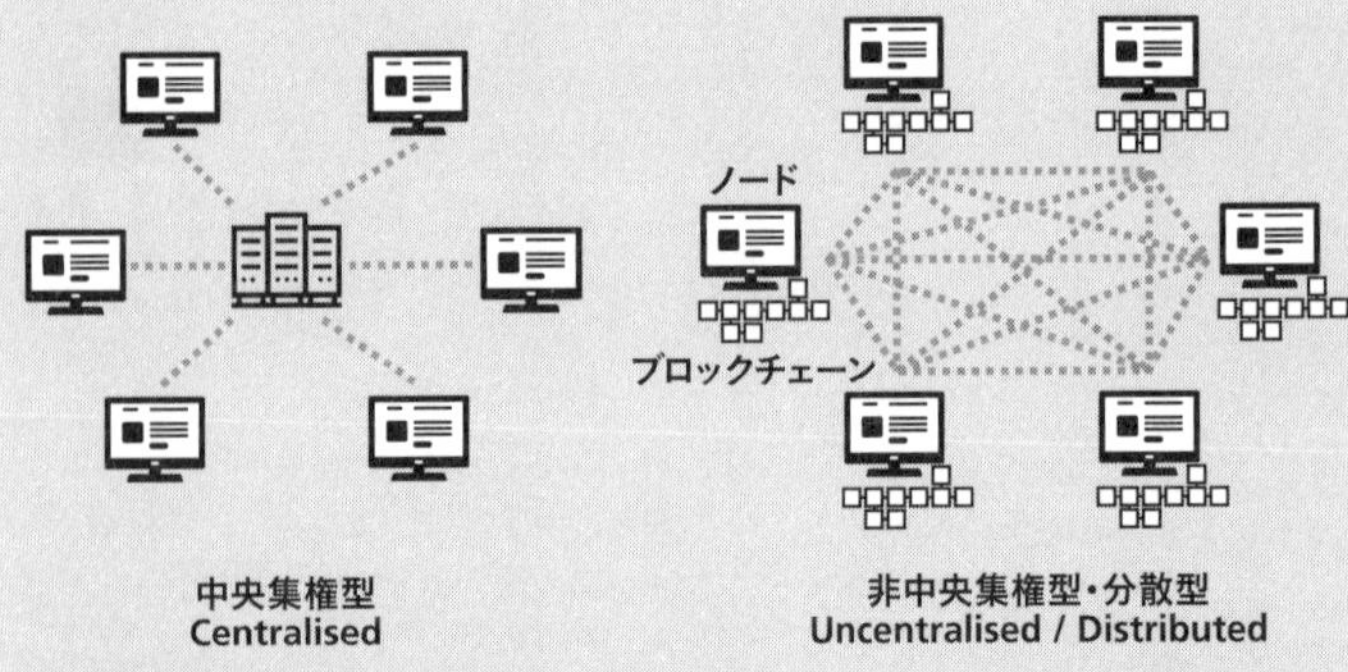

出所：筆者作成

Point of Failure：SPOF）がないシステムである。

合意形成アルゴリズム（Consensus Algorithm）

ブロックチェーンでは、ネットワーク上にどのような参加者がいるかわからない状態で、データのやり取りをすることが前提になっている。すべての参加者が正しいデータのやり取りをしているとは限らないため、データの正当性を全員で合意しながら、データを分散台帳上に追記する必要がある。

このような「ビザンチン将軍問題」に対して、Proof of Work（PoW）という仕事量による証明、という考え方を用いている。すなわち、参加者（マイナー：Minerと呼ぶ）にある一定の仕事（マイニング：Miningと呼ぶ。後述）をさせ、最も仕事をした参加者に報酬を与えるというものである。

データを改ざんするために必要な仕事量よりも、報酬を得るための仕事量の方が少なくなるような設計となっており、データ改ざんが起こらないような仕組みとなっている。

ただ近年では、このマイニングに膨大な計算リソースと膨大なエネルギーが必要なことが問題となっており、参加者を限定する許可型ブロックチェーンや新しい合意形成アルゴリズムである、Proof of Stakes（PoS）、Proof of Importance（PoI）、Proof of Authority（PoA）、Practical Byzantine Fault Tolerance（PBFT）というような、新しい合意形成アルゴリズムが提案されている（詳細説明は、多くの文献で紹介されているので、ここでは省略する）。

ハッシュチェーン（Hash Chain）

図表3－6のようにデータを複数まとめたものをトランザクションと言うが、それらにタイムスタンプ等のヘッダー情報を足して、ブロックを構成する（ナンス：Nonceに関しては後述）。ブロックの情報を逆変換不可能なハッシュ関数（後述）を用いてブロック全体のサマリーを作成する。そのハッシュ値を次のブロックに入れるということを繰り返すことで、改ざんの検出を容易にする。

図表3-6　取引（トランザクション）のデータを集めたブロックがチェーン（鎖）のようにつながっている

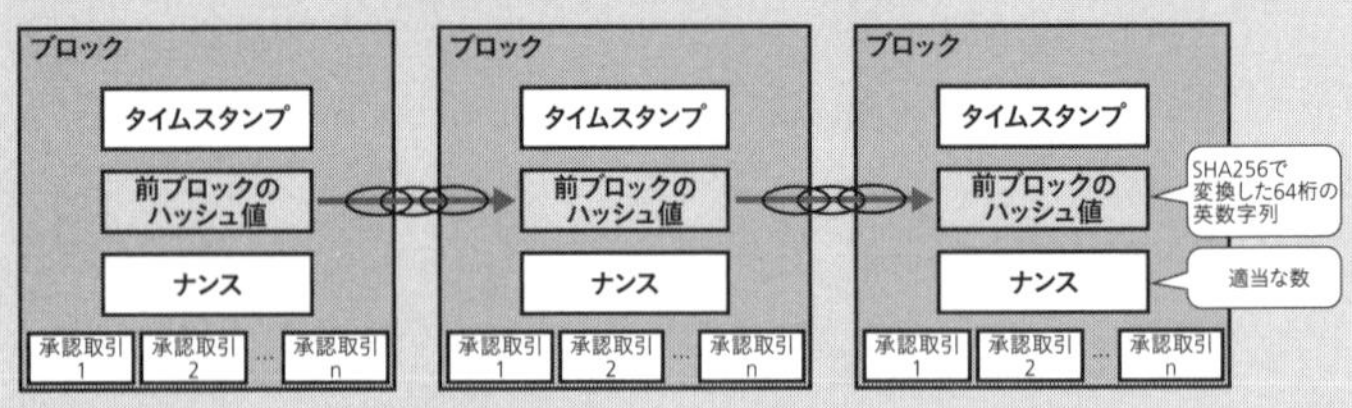

出所：Okabe et al.（2020）を基に筆者作成

ハッシュ値とは、文字列や文章を暗号学的に64文字等にまとめたもののことを言う。このような仕組みでデータを結合することで、一部のデータが変わるとそのブロックのハッシュ値が変わり、そしてそのハッシュ値を使っている次のブロックも値が変わるというように、ドミノ倒しが起こるようにデータが設計されている。

取引データのブロック（塊）が、それぞれチェーン（鎖）のようにつながれているために、ブロックチェーンと呼ばれる。なお、データを1カ所でも改ざんすると、それ以降のデータがすべて破綻をするようにデータが構成されているため、データ改ざんの検出が容易である。

ハッシュ関数として、SHA256暗号というものが用いられる（厳密には、最新の関数は2015年に開発されたSHA3－256）。このSHA256暗号は、①順計算は容易に行える、②逆計算は行えない（逆関数が存在しない）、③入力データの量にかかわらず64文字が出力される、④同じ文字列・データを入力すると同じハッシュ値が出力される、⑤入力データのわずかな違いが、出力されるハッシュ値に大きな影響を及ぼす、という特徴を持つ。一例として、次の2つの文章のハッシュ値を示す。

The technology of blockchain was developed in 2008.
→ ad28748c5a6c726819fee93f8f15dc71176402f1667e22cdf6ed0863a77a7673
The technology of block chain was developed in 2008.
→ 6c5c0f332458b4ef17631bbd2d28dfc93aa3c95cb122d046db438e7506a1ae

これら2つの文章の違いは、単に「blockchain」としたか、「block chain」としたかだけである。しかし、結果から出力されるハッシュ値が大きく異なることがわかる。

マイニング（Mining）

ブロックチェーン技術をわかりにくくしているもののひとつが、このマイニングである。そこで、図表3－7に示すような例を使ってマイニングを説明する。なお説明を単純化するために、前ブロックのハッシュ値は省略するとともに、時間の例として1970/10/19、ト

図表3-7　マイニングの過程

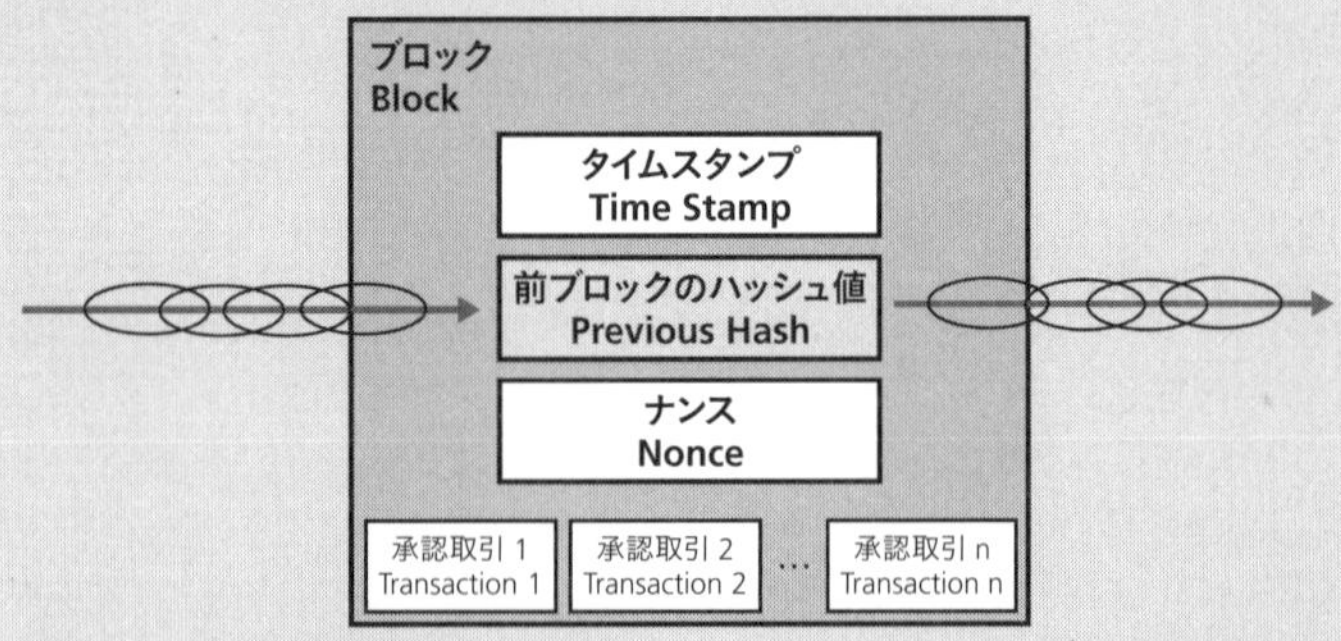

例 eg.　Proof of Work (PoW)
1970/10/19 **1000** Data1 Data2
84118f8acaf786dd5e1dedbc1038dbe0bcb50ffea7b0a25c502a4bfc5a20fa3f
1970/10/19 **1001** Data1 Data2
617c4e697b3efae803a8b1b0558bb272e6092e0dc160a16122559094f06cbd61
1970/10/19 **1002** Data1 Data2
93355aed5362d68f7bc1a78bf2ec125e36e38944f566ec05084e60ca4ade18dd
…
1970/10/19 **1011** Data1 Data2
0000 36046d63480d1ef3b42f40fed5147db1b57542a237bb77a71c859d164869

出所：Okabe et al.（2020）を基に筆者作成

ランザクションの例としてData1、Data2という単純なデータを用いる。

前項で説明を省略したが、ブロックにはナンスという自由に数値を入れてもよい領域がある。マイニングでは、ナンスに適当な値を入れて計算されたハッシュ値が、ある閾値よりも下回った場合に、データを追加できる権利を先着1名が得るというルール（プロトコル）になっている。

例えば、ハッシュ値の頭の数字に0が4つ続いた場合に、データ追記できる権利を得られるとする。図表3－7に示すように、ナンスを１０００から順番に1ずつ変化をさせていくと、１０１１にしたとき、ハッシュ値の頭に0が4つ続く。それを最も早く見つけたマイナーが、データ追記の権利を獲得し、さらに報酬がもらえる、というものがマイニングである。

実際は、0が4つ続くというような単純なものではなく、20弱程度続くような非常に困難な問題となっているため、膨大な計算リソースと膨大な電力使用が必要となっているのが現実である。

この0をいくつにするかというものが、難易度（Difficulty）と呼ばれるもので、計算時間が10分程度になるように調整が行われる。前述のＰｏＳ、ＰｏＩ等では、参加者の暗号資産の保有量、保有期間などに応じて難易度が変わるような仕組みにすることで、計算量を抑えるような工夫がされている。

第4章

サプライチェーンのレジリエンスを高める

1 コロナショックはサプライチェーンショック

パンデミックで明るみに出たグローバル・サプライチェーンの脆さ

新型コロナウィルスのパンデミックにより、世界のサプライチェーンは混乱を来した。パンデミックが起こる前まで企業は、グローバル規模でサプライチェーン管理を強化し、コスト・在庫の削減、資産効率の改善に努めてきた。しかし今回、世界規模の危機に直面したことで露呈したのは、そのサプライチェーンにおけるレジリエンス（危機耐性、復元性）の低さであった。

自動車産業で言えば、自動車メーカーや大手サプライヤーの工場が正常化に向かう一方で、二次・三次サプライヤー以下、下請けを含めたサプライチェーンの裾野での復旧困難がシステム全体の足かせとなり、思い通りに増産できなくなっている。

いつまたパンデミックが起こるかわからない状況で、ウィズコロナ時代を迎える経営者は、グローバルなサプライチェーンマネジメントの視点を大きく変える必要がある。すなわち、未曽有の災害が発生したとしても、サプライチェーンをより柔軟に、かつ、迅速に再構築できるよう、平時からレジリエンスを高めなければならない。

より具体的にそれは、災害時の影響を理解するためのサプライチェーン全体の可視化と、災害長期化による代替調達先の早急な選定と早期の量産化を実現することである。このような、レジリエンスが高く、持続可能なサプライチェーンを構築するために、ブロックチェーンの活用は有効的であり、今回のパンデミックは、その重要性をより一層高めたと言える。

サプライヤーの情報を分散型ネットワークで管理し、透明性を高め、その情報を複製や改ざんがされないようにするために、ブロックチェーンに記録する。それにより、トレーサビリティ(追跡可能性)を実現することで、危機後にサプライチェーン全体の在庫情報、資材・部品の調達可能性の把握から、代替調達先の選定・審査・量産指示を速やかに行い、新しいネットワークを迅速かつ垂直的に稼働させることが可能となる。

シンガポールとインドを拠点とするブロックチェーン開発企業コインアース(KoineArth)で、創業者・チーフサイエンティストを務めるプラプル・チャンドラ博士(Dr. Praphul Chandra)はこう言う。「サプライチェーン戦略の策定において、伝統的な測定基準である品質（Quality）、コスト（Cost）、納期（Delivery）のQCDだけでは、もはや不十分である。これからのサプライチェーン管理のリーダーは、危機耐性・復元性（Resilience）、応答性（Responsiveness）、再構成可能性（Reconfigurability）の3Rも念頭に置かなければならない[1]」。

コロナ禍の2020年4月28日、世界経済フォーラム（World Economic Forum）は、ブロックチェーンに関するリリースを発表し、「ブロックチェーンは、新型コロナウィルスの感染拡大で露呈したサプライチェーンの失敗への対処法となり、景気回復を後押しする」と世界に発信した[2]。

自動車産業では、パンデミックによる生産混乱の最中、ブロックチェーン活用に向けた動きを加速させている企業が増えている。

ブロックチェーンネットワークを拡大させるBMW

2020年3月31日、BMWはブロックチェーンを活用して、グローバルのサプライチェーンのトレーサビリティを実現するプロジェクト、パートチェーン（PartChain）を発表した（図表4－1）。2019年から始まった同プロジェクトでは、ヘッドランプ部品のトレーサビリティを実現するための実証実験が行われてきたが、2020年は対象部品を約

図表4-1　BMWのパートチェーン

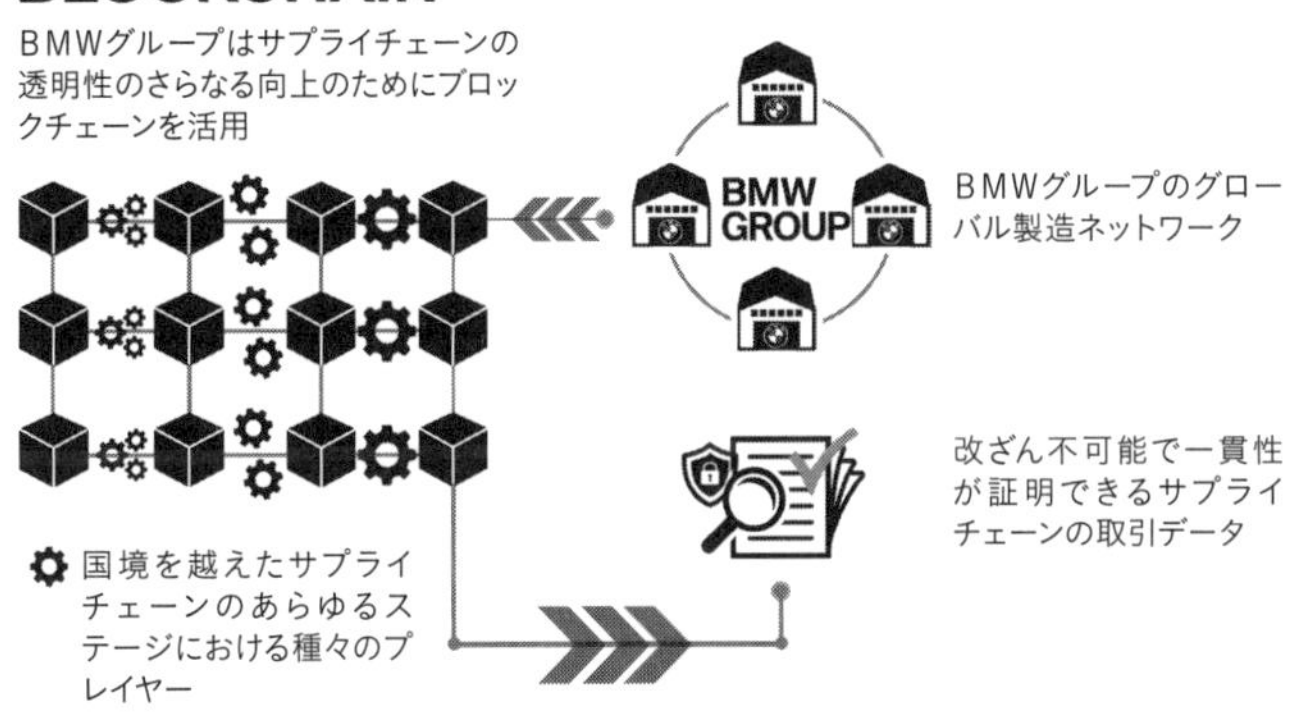

出所：BMW Group提供資料を筆者が和訳

10部品へと拡大する。さらに将来的には、部品単位ではなく、原材料まで細かくトレースするとのことだ。

ＢＭＷは研究開発領域の3本柱に、ＩｏＴ、ＡＩ、そしてブロックチェーンを据えている。ブロックチェーンを中核技術のひとつと宣言したのは、世界の自動車メーカーの中でもＢＭＷが初めてである。数多くのブロックチェーン専門家を本社のある独ミュンヘンや米シリコンバレーなど全世界に配置し、サプライチェーンのみならず、自動車のバリューチェーンの全領域において、ブロックチェーンの研究開発及び実証実験を行っている。

２０１９年には、国際物流大手の独ＤＨＬと、マレーシアの物流拠点からアジア大洋州のディーラーとの間で、アフターパーツの輸送と在庫管理システムでブロックチェーンを活用した実証実験を行っている。第6章でも説明するが、中国のブロックチェーン開発企業ヴィーチェイン（VeChain）とは、走行距離計の改ざん（メーター巻き戻し）を防ぐための、「デジタル車両パスポート」を開発し、中古車の査定精度を向上させることを目指している。

なお、同社はMOBIの創設メンバー企業として、サプライチェーンに加えて、VIDの分科会の座長も務めており、社外のコンソーシアムとのコラボレーションにも積極的である。

テスラは上海で部品物流のブロックチェーン実証実験

テスラも2020年4月7日、ブロックチェーンを活用した物流ソリューションを展開する香港のカーゴスマート（Cargo Smart）、上海港の港湾オペレーターである上海国際港務グループ（SIPG）、そして、貨物船運行大手の中国遠洋海運集団（COSCO）と、ブロックチェーンを基盤とするアプリの実証実験を行った[3]。

なお、テスラ以外の3社は、グローバル・シッピング・ビジネス・ネットワーク（GSBN）という、ブロックチェーンを活用した海運業のDXを目指すコンソーシアムのメンバーである。

２０１９年12月に行われたこの実証実験では、４者間で自動車部品輸送に関連する出荷データや書類をブロックチェーン上で共有するアプリを開発した。通常、貨物の引き渡しプロセスでは、貨物の盗難を避けるため、クライアントには船荷証券の原本や貨物運送状（レシート）の提出が求められる。しかし、これらの書類が紛失・破損した場合は、オペレーターがクライアントに荷物を引き渡せず、プロセスが停止してしまう。これにより、サプライチェーン全体で遅延が生じ、船の埠頭での停泊が長引くと、港湾当局から重い罰金が科される可能性もある。

ブロックチェーンを活用したことで、ペーパーレスで、信頼性の高い貨物の受け渡しプロセスを、書類紛失・破損のリスクなしに、迅速に実行できるようになった。ブロックチェーン上の共有データへのアクセスは、港湾での貨物受け取りプロセスのみならず、サプライチェーン全体の効率化に寄与したとのことだ。

2 隠れた技あり中小企業に活躍のチャンス

中小企業と大企業をマッチングするプラットフォーム

サプライチェーンでの、他のブロックチェーン適用事例としては、トークン（暗号資産）とスマートコントラクトを活用し、中小零細企業が製造業に参入しやすくするプラットフォームがある。

製造業の大企業が、高度な技能を持つ中小零細企業を新規に探し当てることは難しい。また、これら小規模製造業者が、製品を買ってくれる大企業にアプローチすることも難しい。なぜなら、バイヤー側の調達担当者が、小規模事業者の数少ない営業担当者に会うためには、ブローカーや仲介業者へのマッチング依頼や広告含む営業費用などが、少なからず発生するからだ。また、商談を始められたとしても、発注側も初めて会う調達先候補が、自社製品の一部の生産を託すことができるような、信用の置ける会社かどうかを新規で調査しなければならない。

ブロックチェーンは、これら様々な取引コストを大幅に削減し、これまで簡単に出会い、取引することができなかった企業同士を結びつけ、効率的に取引できるような、マッチングプラットフォームを提供することができる。

トークンとスマートコントラクトを活用したサプライチェーン

米カリフォルニア州にあるブロックチェーン開発企業のシンクファブ（SyncFab）は、ブロックチェーンを活用して、価値ある製品や技術を保有するメーカーと、それを求めるユーザー企業やバイヤー企業を直接結びつけるプラットフォームを、２０１８年2月に構築した（図表4－2）。

同社が提供するプラットフォームでは、ＭＦＧトークンと呼ばれる暗号資産を使った取引が行われる。また、同プラットフォームを活用する製造業者、購買者、物流業者などの企業ＩＤや注文履歴、生産・輸送能力、保有する知的財産、見積依頼書（ＲＦＱ）や発注書（ＰＯ）などが記録されている。これにより、委託先や調達先が求めるニーズに最も適合する製造業者を探し出し、仲介者なしで直接、取引することを可能にしている。加えて、取引に伴う契約はスマートコントラクトによって自動化されている。

図表4-2　シンクファブのトークンとスマートコントラクトを活用したプラットフォーム

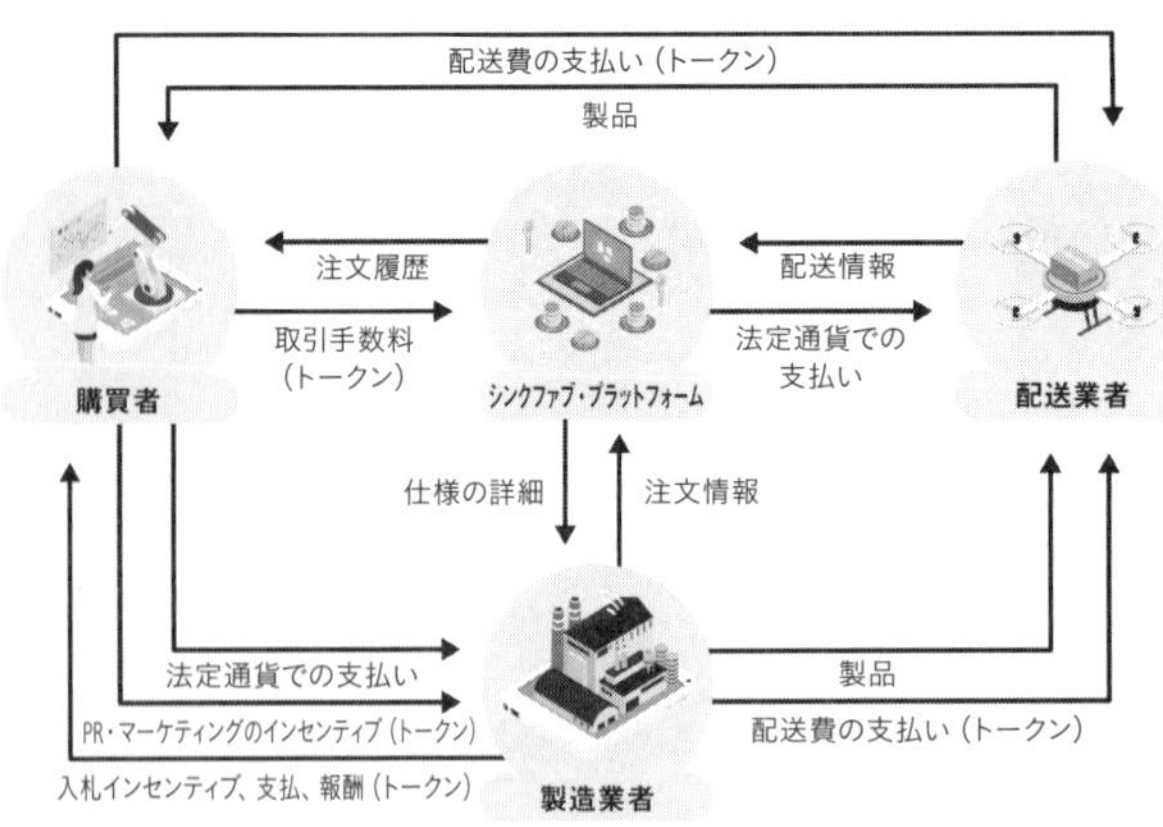

出所：SyncFab提供資料を筆者が和訳

スマートコントラクトにより、サプライチェーンの複雑化により煩雑となった様々な契約作業が、信頼性を保ちながらも簡素になり、一連のプロセスが迅速化されるのである。

購買者の調達コストを大幅に削減

より具体的に、このプラットフォームにおける購買者のメリットはどのようなものかを説明する。

シンクファブのプラットフォームは、購買者のＲＦＱを、製品を作るための専門知識や設備能力のある製造業者とブロックチェーン上でマッチングすることで、購買者の調達コストを大幅に削減することに貢献する。これは、購買者の求める基準と、候補企業の注文履歴や過去の製品のデザインとを比較することで可能になる。なお、製品仕様や構成材料の必要条件は、リアルタイムに変更することができる。調達プロセスはより効率的になり、透明性も高まる。

有能な製造業者が製造に専念できる

では、売り手である製造業者にとってのメリットは何か。

製造業者は入札に素早く参加した場合に、報酬としてMFGトークンを受け取ることができる。これにより、製造業者は落札後に、購買者から投資原資を前払いで受け取り、また、プロジェクト開始前に顧客のバックグラウンドを探る時間を短縮できるため、本業の製造活動にエネルギーを集中することができる。

また、このプラットフォームに記録される調達項目リストには、製造業者にとってのガイダンスとなる、購買者の予算情報が含まれている。ある時は、購買者は予算よりどれくらい多く払う用意があるかを示す許容額も記録される。見積もりが高すぎる場合、一般的には、入札者は自動的に競争から除外されるが、当プラットフォームでは、オファーを改定するチャンスを製造業者に与えており、購買者が有能な製造業者を取りこぼすリスクが低くなっている。

最後に、シンクファブは、高水準のセキュリティプロトコルを用いて、ブロックチェーン上のあらゆる資産を暗号化しており、知的財産の搾取といった、製造業者にとって最大の脅威を排除している。製造業者は、従来セキュリティ専門スタッフを雇うのに必要な費用を、これにより、回避することができる。

中小零細企業が活躍しやすくなる

シンクファブは、経費を削減しながらも、積極的に最新技術を採り入れたいと考える、前向きな企業をサポートするため、このブロックチェーンプラットフォームを開発した。サプライチェーンをアップグレードするために、大規模な多国籍企業は多額な投資を行っている。しかし、中小零細企業にとっては、そのような投資を実行するのは難しく、大企業に対する近代化の遅れは昨今、ますます深刻化している。ブロックチェーンを活用することで、中小零細企業は大幅な取引コストの削減を実現しながら、ビジネス獲得のチャンスを拡げることができるのである。

模造品混入とリコールの未然防止、原産地証明に役立つ

シンクファブの顧客には、グローバル展開する自動車メーカーや自動車部品メーカー、

そして航空機部品メーカーも含まれる。工程内のデータ入力をインセンティバイズ（動機づけ）するために、データ入力者は報酬としてサプライチェーントークンをもらう仕組みが備わっている。このようなシステムをベースにして、データをブロックチェーン管理することで、サプライチェーンのトレーサビリティが実現される。これにより、構成部品の模造品の混入やリコールの未然防止、コンプライアンスが厳しい航空機部品の原産地証明といった、昨今急速に高まっている、複雑な顧客ニーズにも対応できるのである。

環境配慮型で持続可能なサプライチェーンを構築

地域完結型のサプライチェーンの構築も可能である。例えば、精密部品を探している購買者が、地元企業の空き設備をリアルタイムでチェックし、候補企業の情報を確認した上で、調達プロセスを実行する（図表4－3）。このようにして、できるだけ多くの部品を地元で賄うことができれば、購買者は調達部品の在庫数量を最小限に抑えることができ、輸送費も削減できる。結果、環境配慮型のサプライチェーンを構築し、地域経済の活性化に貢献することができる。

なお、最新のソリューションでは、購買者によるサプライヤー検索及びアプローチにおける自動化が実現されており、より一層の効率化でマッチングに要する時間と費用が大幅

図表4-3　地元企業の空き設備を確認し(上)、RFQをマッチングする(下)

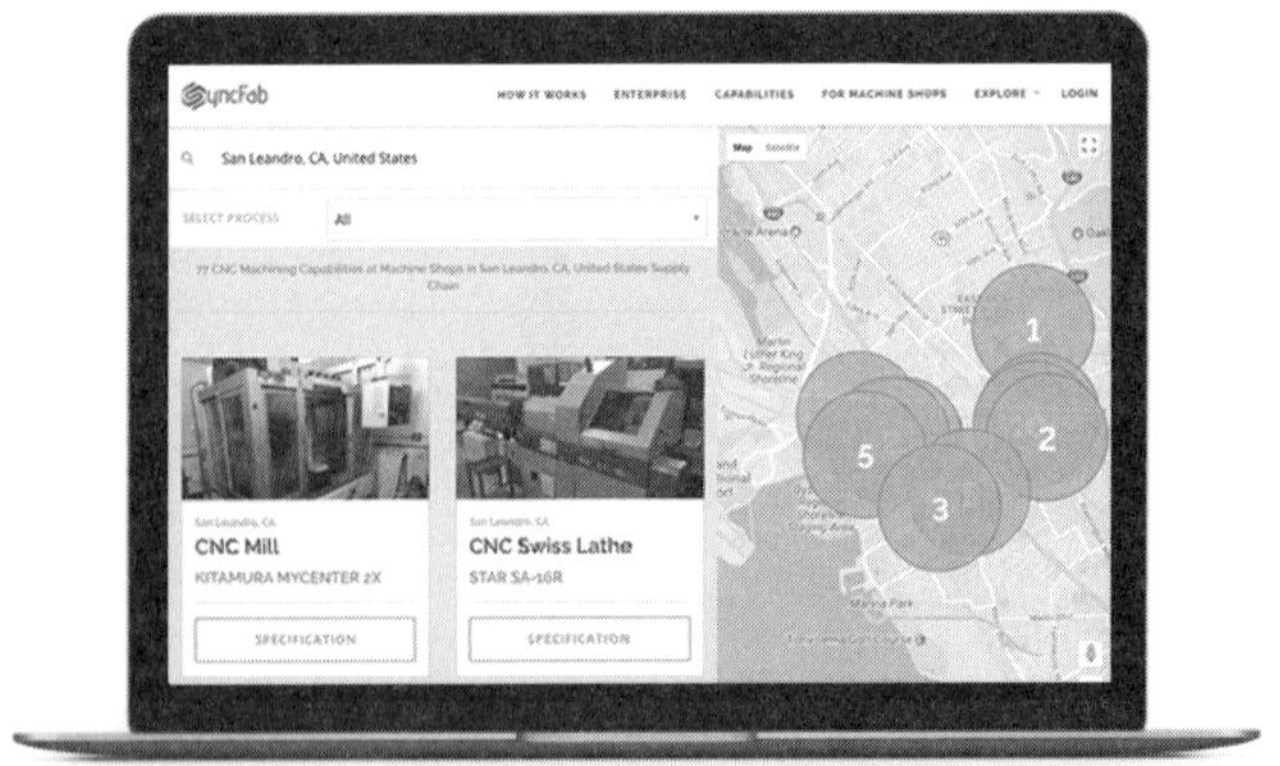

出所：SyncFab

に削減されているとのことだ[4]。

また、前述のように、ウィズコロナの時代にあって、レジリエンスがより重要になっているが、同プラットフォームは、トレーサビリティのみならず、危機時に代替調達先を迅速に選定し、早期の量産稼働を可能にすることで、サプライチェーンの持続可能性を高めることにも、貢献するものである。

3 持続可能な生産と倫理的な消費を実現する

先進国が出遅れている「つくる責任、使う責任」

新興国で生まれる資源や製品を適正な価格で継続して購入し、生産者や労働者の生活の向上を目指す貿易の仕組みとして、フェアトレードがある。

第3章の図表3－2で確認できるが、日本と欧米が軒並み、SDGsインデックスで平均値を下回っているのが「目標12：つくる責任、使う責任（持続可能な消費・生産）」である。

これら先進国のメーカーで、フェアトレード製品を増やすことで、ＳＤＧｓの達成を目指そうとするという動きが出ている。

食品業界では、前述のカカオ豆のトレーサビリティのような例がたくさんあるが、自動車産業においては、タイヤ原料の天然ゴムと、ＥＶ用車載電池の正極材に含まれるコバルトのトレーサビリティプロジェクトが挙げられる。

持続可能な天然ゴムのための新プラットフォーム

タイヤやインドネシアなどの東南アジアを中心に生産される天然ゴムの約70％は、自動車用の新車組み付け用や補修用タイヤの原料となっている。自動車の電動化の流れが加速しても、自動車部品のひとつであるタイヤの需要は落ちることなく、車の走行距離に連動してその需要はさらに伸びる見通しである。一方で、天然ゴムは森林の減少や地域住民の権利侵害といった課題があり、環境や人権に配慮した事業活動の推進が求められている。

しかし、ゴム生産者からタイヤメーカーへの納品までは多くの事業者が関わっており、天然ゴムの流通において、サプライチェーンの不透明性が課題となっている。加えて、多くが小規模農家である天然ゴム農家は、国際市況商品である天然ゴムの価格変動リスクに晒されており、必要最低限の生活費を安定的に確保するために、農地を拡大せざるを得ない状況にある。結果として、これが森林減少の要因になっているという事実もある。従って、ゴム農家の収入安定は、環境問題の解決につながるのである。

２０１８年10月に開催された「持続可能な開発のための世界経済人会議（ＷＢＣＳＤ）」では、世界の大手タイヤメーカー11社に米フォードや天然ゴムサプライヤー、ＮＧＯなど合わせて18組織が、持続可能な天然ゴムの新たなプラットフォーム「Global Platform for Sustainable Natural Rubber（ＧＰＳＮＲ）」を設立した。ＧＰＳＮＲは、天然ゴムの生産及び供給に携わる人々、コミュニティ及び天然資源を考慮に入れながら、その参画メンバーはサプライチェーンを通じて協業し、トレーサビリティの確立や、より高い持続性が実現されることを目指している。

天然ゴムのトレーサビリティプロジェクト

ＧＰＳＮＲの参画メンバーのひとつである伊藤忠商事は、インドネシアにある同社子会社の天然ゴム加工会社ＡＢＰ（PT. Aneka Bumi Pratama）のサプライチェーンを活用し、天然ゴムトレーサビリティの実証実験を行っている。

この実証実験では、スマートフォンアプリを利用して、受渡者間で取引内容の相互認証を行い、日時・位置情報などと併せてブロックチェーン上に記録する。これにより、天然ゴ

図表4-4　天然ゴムのトレーサビリティプロジェクトのイメージ

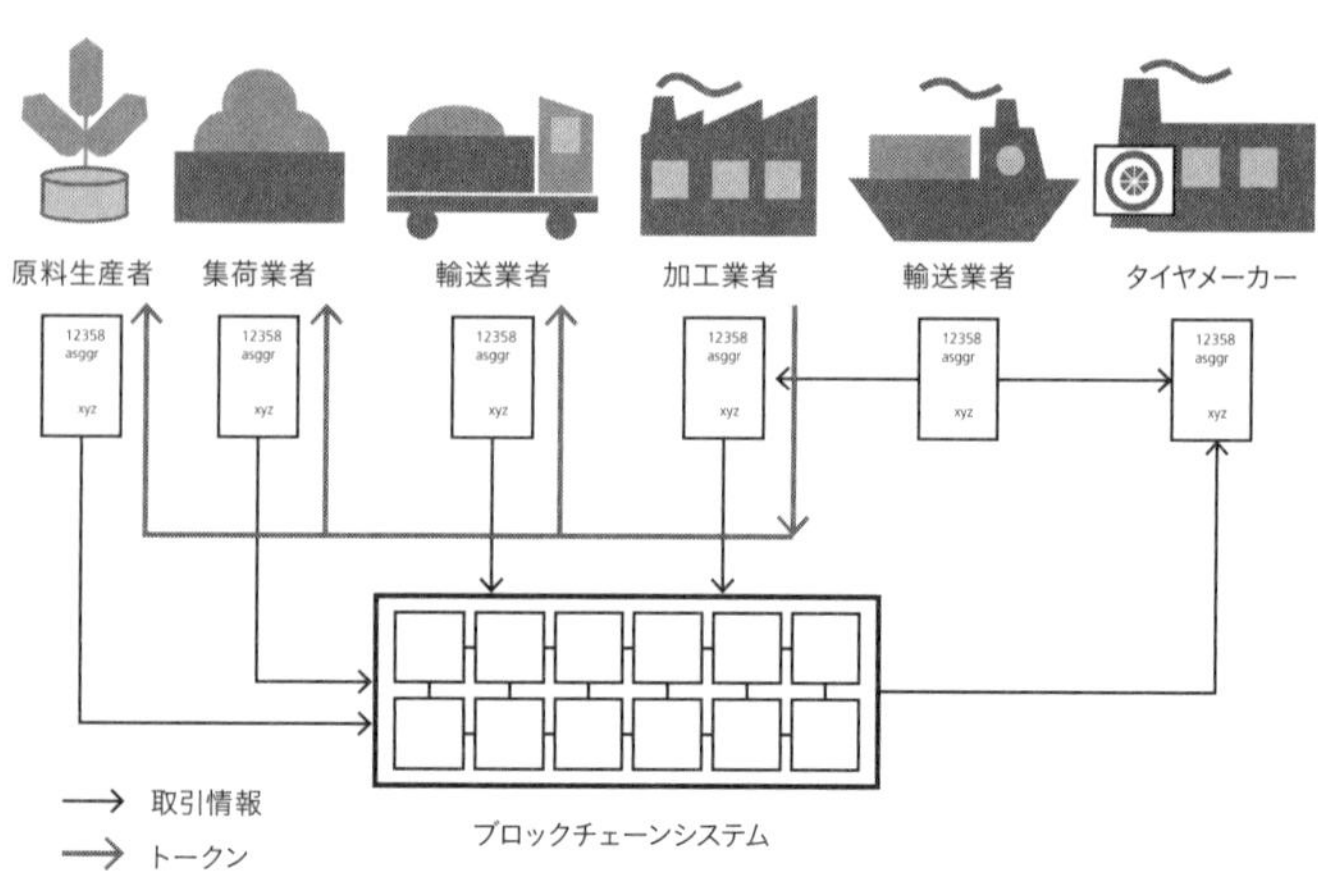

出所：伊藤忠商事

ムが加工工場に至るまでの流通の透明化が実現する。また、各事業者の協力を促すため、正しく記録された取引に応じて、トークンとしての暗号資産を支払う仕組みも最終的に用意する（図表4－4）。

このトレーサビリティシステムは、持続可能な天然ゴム取引のためのマーケットプラットフォームを運営する、シンガポールのヘビアコネクト（Hevea Connect）と連携している。トレーサビリティシステムで記録された天然ゴムは、ヘビアコネクトのプラットフォーム上で売買され、ヘビアプロ（Hevea Pro）と呼ぶ独自認証を取得した加工工場で製造されたものに限定されている。

トークンエコノミーを構築する最終段階まで、3つのフェーズ（期間）に分けて実証実験が行われている。フェーズ1では、加工業者と輸送業者までの工程をブロックチェーンに記録し、フェーズ2では、集荷業者までをカバーする。最終のフェーズ3では、天然ゴム農家までトレーサブルにし、トークンの付与も実施する。フェーズ3は2022年中に終了する予定である。

紛争鉱物の責任ある調達

様々な産業を支える希少金属（レアメタル）の世界的需要が拡大する中、コンゴ民主共和国及び周辺国で採掘される鉱物資源が、人権侵害や環境破壊などを引き起こす、武装勢力の資金源になっていることが懸念されている。希少金属を原料とした製品を製造・販売する企業に対して、責任ある鉱物調達への社会的対応の要請が一段と高まっており、原材料調達におけるサプライチェーン全体について、ステークホルダーからデューディリジェンス（注意義務・努力）が求められている。

このような流れの中で、米国では2010年7月に、紛争鉱物（Conflict Minerals）に関する規制が盛り込まれた金融規制改革法（通称、ドッド・フランク法：Dodd Frank Wall

Street Reform and Consumer Protection Act）が成立し、米国上場企業においては自社製品に使用される紛争鉱物に関して、使用及び取り組み状況の報告・開示が義務化された。EUでも、2021年1月1日から、紛争鉱物規則（Conflict Minerals Regulation：REGULATION（EU）2017/821）が施行され、EU内の企業はデューディリジェンスを怠っていないことを報告する義務が課される。

ドッド・フランク法も欧州紛争鉱物規則も、規制対象がコンゴ民主共和国と周辺国で産出されるスズ、タンタル、タングステン、金（通称、3TG）となっている。EU規則では、工業材料としてのこれら鉱石をEUに持ち込む輸入者が対象事業者となっている一方、米国では3TGを含有する電機製品や自動車など最終製品の製造者を対象としている。

しかし今後、欧州においても、ドッド・フランク法のように最終製品への紛争鉱物の含有が対象化されたり、対象となる紛争鉱物がコバルトまで拡大される可能性があり、ブロックチェーンを活用したトレーサビリティプロジェクトが活発化している。

EV用車載電池のコバルト・トレーサビリティ

自動車産業における、紛争鉱物のサプライチェーン管理で最も活発に動いているプロジェクトは、コバルトのトレーサビリティである。世界的な電動化の流れで、EV用車載電池の需要が急増しているが、その主力であるリチウムイオン電池の構成部材である正極材には、コバルトが原料のひとつとして使われている。

希少金属であるコバルト鉱石の約6割はコンゴ民主共和国で採掘されており、そのうちの2割は、倫理的に正しく生産されているかを立証できない、小規模な採掘所で採掘されている。ユニセフによると、4万人以上の児童がそのような小規模採掘所で採掘に従事しており、人権侵害にあたる児童労働が横行している[5]。

加えて、精錬所に納入されるコバルト鉱石は、規模が大きく安全な産業鉱山から採掘されたものだけではなく、小規模サプライヤーを経由するものも含まれるため、倫理的に正しく採掘されたコバルト鉱石を用いていることを確実に証明する方法がない。

世界の自動車メーカーでは、GM、独ダイムラー、BMWが積極的にこのコバルト・トレーサビリティの実証実験を行っている。また、2019年1月には、IBMがフォードなどと共同で、RSBN（Responsible Sourcing Blockchain Network）という、ブロックチェーン技術をベースとするサプライチェーンマネジメントの共同プロジェクトを立ち上げた。同プロジェクトには、車載用リチウムイオン電池大手の韓国LG化学も参加している。

2019年4月には独フォルクスワーゲン、同年12月には欧米FCA（フィアット・クライスラー・オートモービルズ）と資源大手のスイス・グレンコアがRSBNに参画した。

2019年11月には、中国吉利汽車集団傘下のスウェーデン・ボルボカーズ（Volvo Cars）もRSBNに参画することを発表した。同時にボルボカーズは、LG化学と車載用電池世界最大手の中国CATLとともに、コバルト・トレーサビリティを実現した電池を搭載する、同社初のEV「XC40 Recharge P8」を2020年後半に発売する。ベルギーのヘント工場で生産されるこの車は、搭載電池の原材料であるコバルトのトレーサビリティを実現した世界初の車となる。

倫理的消費の高まり

昨今、サプライチェーンのトレーサビリティをブロックチェーンで保証しながら、倫理的消費（Ethical Consumption）を促す取り組みが世界的に拡がっている。倫理的消費とは、環境や人体への負荷を減らすことや、社会貢献などを重視して生産された商品やサービスを、選択的に消費する行動や理念を指す。

食品業界やアパレル業界では、SDGs達成に向けた主要施策のひとつとして、グローバルで倫理的消費を促す取り組みが急速に増えてきている。前述したチョコレートバーに加え、中国の食用鶏、ブルガリアのヨーグルト、チリのワイン、インド洋・南太平洋産のマグロの缶詰などが挙げられる。アパレルでは、スウェーデンのH&M、スペインのインデイテックス（ZARAブランド）などが取り組んでいる。

これらの商品のパッケージやタグには、QRコードがプリントされており、消費者がそれをスマホでスキャンすると、瞬時に、その商品の原料がどこで誰に採取されたか、どのような流通経路をたどってきたかなど、サプライチェーン全体の履歴を見ることができる。

企業のSDGs達成に向けた取り組みが可視化されている商品は、主にZ世代に対して、高い訴求力がある。これら若者世代は、たとえ多少値段が高くとも、購入した製品の原料産地や生産者、誰が作ったか、どのようにして作られたかといった情報がわかる、トレーサブルでサプライチェーンの透明性が高い製品を選好する[6]。

自動車産業においても、倫理的消費の高まりという社会的ニーズに応えるため、関連企業がSDGs達成に向けた主要施策のひとつとして今後、ブロックチェーンを活用したトレーサビリティ実現の取り組みを増やすだろう。とりわけ、タイヤを含む自動車部品は、B2Bの新車組み付け用以外にも、最終消費者とのB2Cビジネスもあるので、その動きはより一層活発化するだろう。

ブロックチェーンでトレーサビリティが保証された部品は、トークンシステムを活用すれば、倫理的消費者によって多少高く買われた分、原料生産者などの情報提供者に対し、報酬として直接的・間接的に暗号資産を支払うことができる。結果、消費者から数多くの生産者に向けて富を分散することができるので、サプライチェーン全体のサステイナビリティ（持続可能性）が改善するのである。

4 3Dプリンターを活用したウェブ3.0企業は誕生間近

コロナ禍のイタリアで脚光を浴びた3Dプリンター

パンデミック最中のイタリアで、3Dプリンターが活躍した。このようなストーリーであった[7]。

コロナ禍のロンバルディア州ブレシア市の病院では、集中治療に使われる人工呼吸器の弁が壊れるというトラブルが発生した。病院は人工呼吸器の納入業者に交換部品の供給を依頼したが、納入業者に在庫はなかった。部品メーカーの工場は稼働を停止していた。

偶然その時に、この病院を取材していた地元紙の記者は、3Dプリンターの普及に努め、ミラノにファブラボ（市民が3Dプリンターや切削機など工作機械を自由に利用できるワークショップ）を立ち上げたマッシモ・テンポレッリ氏に電話した。同氏はすぐに、ブレシア市近隣で3Dプリンター関連のビジネスを運営する、イシノバ（Isinnova）の創設者クリスチャン・フラカッシ氏に連絡した。

フラカッシ氏はこの連絡を受けたわずか数時間後に、人工呼吸器弁を3Dプリンターで作り上げた。その弁は十分に使用に堪え、フラカッシ氏はその後も弁を複製し続けた。結果として、10名の患者が、この3Dプリンターで製造された弁を使った人工呼吸器で治療を受け、一命を取りとめた。

このニュースは世界の製造業者に大きな気づきをもたらした。パンデミックのような、需給ギャップが突然に拡がる危機においては、3Dプリンターが最適なソリューションのひとつになり得ることを証明したのである。そして、3Dプリンターを活用することの社会的な意義が高まったのである。

実は3Dプリンターは目新しい技術ではない。特に米国では、オバマ政権時代に国家プロジェクトとして、3Dプリンターの全国規模での能力拡充投資が実施された。しかし、この投資はハイエンドの造形装置に対する投資が主であり、試作品ではなく、実物をそのまま造形するための設備投資だったために、3Dプリンター普及に向けた取り組みは行きづまっていた。

想定外の需給ギャップが発生した際に、3Dプリンターを使うことのメリットは主に3つある。まず第1に、適切な原材料と設計図があれば、金型は必要ないので、数多くの種類のものを、同一の機械で柔軟性高く、また迅速に製造できる。第2に、利用される場所の近くで製品を作ることができ、物流コストの削減と現場ニーズへのダイレクトな対応が可能となる。第3に、オンデマンドで製品を製造し、即座に使うことができる。

ブロックチェーンが知的財産を保護する

ただし、3Dプリンターの大きな課題は、製品をデザインした人や企業が持つ、設計図などの知的財産（IP）をどのように保護するかにある。3Dプリンターで作る製品のようなデジタルプロダクトは、IPの保護が難しい。一例としては、音楽のデジタル化とインターネットの普及によって、数多くの楽曲の著作権が侵害されたことが挙げられる。同様の問題は、デジタル化された映画や書籍でも浮上している。

望ましいのは、IPが適切に保護され、そのIPが利用されるごとに、使用量に見合ったIPの利用料を、創造者が受け取ることである。そうすることは、創造者のノウハウ提供に対するインセンティブとなり、デジタルプロダクトの普及を後押しする。

ブロックチェーンは、仲介者なしでIPを管理する技術として有望視されている。ブロックチェーンベースのシステムでは、様々なプラットフォームやフォーマットを超えて、同じコンテンツに誠実なユーザーがアクセスすることを、より簡単に実現する。また、各コンテンツの利用や移転を記録するブロックチェーンは、ＩＰの侵害を検知し、責任の所在を明確化することもできる。

コンテンツの利用者は創造者に対して、シンプルに暗号資産（お金）を支払うことができる。これが3Ｄプリンターであれば、3Ｄプリンターを利用した製造者は、製品の設計図を提供した人や企業に、直接、利用料を支払うことができる。

ブロックチェーンを活用して、適切なインセンティブ設計をすれば、平時でも3Ｄプリンターの製造能力を高めることができる。ビジネス規模の大小にかかわらず、創造者はＩＰの利用量に見合った報酬を獲得できるため、中小零細企業や無名だが有能な創造者を産業に取り込むような、社会包摂性を高めることにつながる。

中小企業と技能者に支えられたイタリアから学ぶ

伊トリノ工科大学（Politecnico di Torino）から2008年にスピンオフした、スタートアップのポリトロニカ（Politronica）は、2018年にネットワーク・ロボッツ・ワークフォース（Network Robots' Workforce）という、ブロックチェーンを活用した3Ｄプリンターのプラットフォームを立ち上げた。

同プラットフォームには、様々な3Dプリンターを活用したプロジェクトが集まり、ブロックチェーン上に部品や製品のデータを記録し、そのデータを共有、転送、追跡しやすくしている。また、このプラットフォーム上で使われる、独自の暗号資産「3Dトークン（3DT）」でトークンエコノミーも形成されている。

北イタリアを中心にネットワークが拡がっているが、デンマークのデザイン雑貨チェーンのフライングタイガーコペンハーゲンと共同で、デスクランプ型の3Dプリンターを開発し、2020年内にフライングタイガーのミラノ店やトリノ店で展開される予定である。

なお、イタリアでは、アーティストの著作権をブロックチェーンで守る活動「クリプトアート（Crypto Art）」が活発である。製造業界での3Dプリンター活用もそうだが、ブロックチェーンで高いスキルを持った中小企業や技能者をサポートするイタリアの動きは、同じように多くの中小企業や職人で支えられている日本の産業にとって、ひとつの教訓となるだろう。ちなみに、3Dプリンターの「生みの親」は、1980年に名古屋で光硬化樹脂を積層する光造形法を発明した小玉秀男氏である。日本には3Dプリンターの技術基盤がある。ブロックチェーンと3Dプリンターを活用して、中小企業と技能者を支援する仕組みを模索することは可能である。

自動車業界のウェブ3・0企業が生まれる可能性が高まる

では、自動車業界での活用はどうか。分散型サプライヤーネットワークを構築した上で、自動車や自動車部品をVRとARを活用してデザインし、3Dプリンターで製造する。実は、このような自動車業界での「ウェブ3・0企業」が、近い将来に誕生する可能性が高まっている。

米カリフォルニア州のスタートアップなどで、XRや3Dプリンターを活用したトライアルがすでに始まっているが、このような画期的なクルマづくりが可能になっている。

まずPCを使って、走りやスタイルなどの好みのパーツを選択し、VRで細部を調整しながらサイバー空間上で車両モデルをデザインする。クレイモデル（粘土で形作る車両モデル）を使うことなく、遠隔地にいるエンジニアやデザイナーが、リアルタイムでVRを使って設計もできる。ちなみに、このようにして設計するモデルを「デジタルクレイ（デジタルの粘土）」と呼ぶエンジニアもいる。

AIやマシーンラーニング（機械学習）を駆使し、デザイナーやエンジニアといった人とコンピューターが共同制作する、いわゆるジェネレーティブデザインにより、材料や重量、コスト、パフォーマンスの理想的なバランスを弾き出し、それを基に、3Dプリンターでアルミの車体骨格を成形する。プレス機や溶接設備、金型を使わずに、消費者のニーズに合った車を低コスト、そしてハイスピードで製造するのである。

なお、VRを活用した車体設計は、独アウディも「VRホロデック（Virtual Reality Holodeck）」という名のプロジェクトを皮切りに、2018年2月から実施している。その他、テスラやBMW、ボルボカーズもVR設計の取り組みには積極的である。自動車業界においても、VRのビジネス実装に向けた動きは加速しているのである。

自動車業界にて、3Dプリンターが強力な「モノづくり力」を発揮するケースが増えている。2007年に創業した米ローカルモーターズ（Local Motors）は、炭素繊維強化プラスチック（CFRP）を材料とした、自律走行シャトルの車体骨格を3Dプリンターで印刷することで有名だ。アルミ製の大型車体骨格を、3Dプリンターを使って一発で作り上げる技術も世に出始めている。

実は、3Dプリンターの研究開発は今に始まったことではない。あまり目立っていないのは、自動車メーカーを中心に、3Dプリンターの登場を脅威に感じる大手企業が多いことが背景にある。しかし、新型コロナウィルスのパンデミックは、自動車メーカーを頂点とする、複雑かつ固定的なサプライチェーンの脆弱性を浮き彫りにした。自動車メーカーにおいては、レジリエンスの高いサプライチェーンを構築することが急務となっており、

図表4-5　VRを使った車体設計と3Dプリンター製の自律走行車

出所：Audi AG, Local Motors

そのソリューションのひとつとしての3Dプリンターが再び脚光を浴びようとしている。

オバマ政権が立ち上げた先進製造パートナーシップ（Advanced Manufacturing Partnership：AMP）にて、ホワイトハウスに対して製造技術の政策アドバイザーを務めた、ダグラス・ラムゼー氏（Douglas Ramsey）によると、コロナ禍にあって、米製造業界で今最も活発なディスカッションが行われているテーマとして、スマート製造（Smart Manufacturing：SM）を挙げる。パンデミックで壊滅的なダメージを受けた、中小企業を中心とした製造業者に対し、米政権は優遇税制などで再投資するためのインセンティブとして、スマート製造への注力を求める可能性が高いからだ。これまで「様子見」の状況であったスマート製造への投資が、パンデミックにより、「自動化、ローカル化、デジタル化を進めるチャンス」と今は捉えられている、とラムゼー氏は言う[8]。

上流から下流までオンラインで自己完結する自動車メーカーが生まれる

バイクを含む自動車の補修部品などのアフターパーツを、サイバー空間上で購入し、3Dプリンターで製造するアプリケーションも近く、世に登場すると見られる。ARを活用した車体設計やサイバー空間で部品の互換性を確認する技術は、それぞれ、テスラやアマゾンが米国で特許を取得しており、先進企業がビジネス実装に向けてすでに動いているからだ。

このような消費者体験が可能となる。ARヘッドセットを装着した消費者がサイバー空間上のショッピングモールで自動車部品を選別し、その部品が自分のクルマに合うかどうかをリアルタイムで確認した上で購入する。分散型ネットワークで集まったサプライヤーは、自社の部品が選ばれると、その部品を造るためのノウハウ・設計図を3Dプリンターに送信し、それを基に3Dプリンターで製造された部品が顧客に届けられる。

このようなARやVR、AIと3Dプリンターを活用する企業が、広範なサプライチェーンネットワークをブロックチェーン上で構築できれば、自動車の上流（設計・調達・生産）から下流（販売・流通）までオンラインで自己完結できる、真の「ウェブ3・0企業」としての自動車メーカーになることも可能だ。その実現は遠い未来の話ではない。

第5章

EVは
コネクテッドカーから
コネクテッドバッテリーへ

1 社会インフラとしての価値が高まるEV

「走る蓄電池」

モビリティもエネルギーも社会の根幹を成すものであるが、それらの交点にはＥＶがある。そして、車の電動化の進展により、モビリティとエネルギーの協調領域はますます拡がっていく。

給電システムを搭載する、「走る蓄電池」としてのＥＶが誕生するきっかけとなったのは、２０１１年3月に発生した東日本大震災である。東日本大震災では、津波や火災で、仙台や千葉の製油所、そして数多くのタンクローリーや出荷設備に甚大な被害が及んだ。被災地では多くのサービスステーション（ＳＳ）が倒壊した。道路網と燃料供給網への大きなダメージを背景としたガソリン不足により、被災地のみならず首都圏でも、ＳＳに長蛇の列が発生したことは記憶に新しい。

しかし、被災地での電力の復旧は地震発生3日後には75％の水準まで達していたため、日産自動車「リーフ」と三菱自動車「ｉ－ＭｉＥＶ（アイミーブ）」の2つのＥＶが、救助隊や医師の移動手段として大活躍した。両社は併せて約２００台のＥＶを全国からかき集め、災害支援車両として被災地に送り込んだ。

系統電力網が断たれた地域の被災者の要望や、実際に医療機関などで試行した経験を踏まえ、日産自動車はリーフのバッテリーから一般住宅に給電するシステムである「Ｖ２Ｈ（Vehicle to Home）」を、三菱自動車はアイミーブの急速充電口から電気を取り出して家電に給電する「MiEV Power Box」を開発し、翌２０１２年にそれらは商品化された。

その後、地震や台風などによる大規模停電の際に、蓄電池としてのＥＶが非常用電源として家庭へ電力供給する実績を積み上げる中、日産自動車と三菱自動車は、災害に強い街づくりを目指す地方自治体との連携を加速している。災害発生時の給電に活用する目的で、公共事業のＢＣＰ（事業継続計画）に組み込まれることで、社会インフラとしてのＥＶの価値が高まったのである。

ホンダが追求する「サービスとしてのエネルギー」

そして今、ＥＶは新たな価値を生み出そうとしている。ＥＶはエネルギーに関わるデータを取引する媒体として、スマートシティの中で新しい存在価値を持つのである。この背景には、スマートグリッド（次世代電力網）やマイクログリッド（小規模電力網）の世界的な拡大と、エネルギーデータが持つ価値をネットワーク化させる、ブロックチェーンと暗号資産の登場がある。

このようなグローバルトレンドの中で、ホンダは2019年7月に、新しい技術とサービスのコンセプト「Honda eMaaS（ホンダ・イーマース）」を発表した。そして、同年9月にはフランクフルトモーターショーにて、同社初のEV「Honda e」の量産モデルを披露した。

ホンダ・イーマースは、MaaS（サービスとしてのモビリティ）とEaaS（サービスとしてのエネルギー：Energy as a Service）を掛け合わせた造語だが、その狙いは、電動モビリティ、エネルギー、コネクテッドなどを統合したサービスによって、移動と暮らしがシームレスにつながる世界を目指すことである。

電動バイクも含むEVが高価である原因は、搭載するバッテリーが高いことにある。その負担を軽減するために、搭載するバッテリーを他の車両やデバイスとシェアしたり、連結して群としてマネジメントしながら新しい価値を生むことを目指す。また、再生可能エネルギーを活用し、クリーンで環境に優しいサービスとする。これがEaaSのベースにある考え方である。

ドイツ・オッフェンバッハにあるホンダR&D欧州で、電動化とエネルギーソリューションを研究するクリスチャン・コーベル博士（Christian Köbel）は、ホンダはEVを「コネクテッドカー（つながる車）としてだけではなく、コネクテッドバッテリー（つながる電池）」としても捉えていると言う[1]。

ホンダ・イーマースのひとつの成果として、2020年2月、欧州で自動車メーカー初となる、EV向けエネルギーマネジメントサービス「e:PROGRESS」を2020年中に英国で開始すると発表した。電力需要が少ない時間帯に低コストでEVへの充電を行うなどして、電力需要の平準化や再生可能エネルギー拡大への貢献を目指すものである。

ホンダは同サービスを、スマート充電プラットフォームなどを展開する英モイクサ（Moixa）、電力・エネルギー大手のスウェーデン・ヴァッテンファル（Vattenfall）と共同で提供することで、電力グリッド業界の他社との協業を深めている。

ブロックチェーンがEVの費用対効果を高める

MOBIは2019年5月に、EVと電力グリッドの融合を追求する、「EV to Grid Integration（EVGI）」という名の分科会を立ち上げた。ホンダが座長（Chair）、GMが副座長（Vice Chair）を務めるこの分科会は2020年8月、世界初のブロックチェーン

図表5-1　EVGIでのブロックチェーンを活用したユースケース

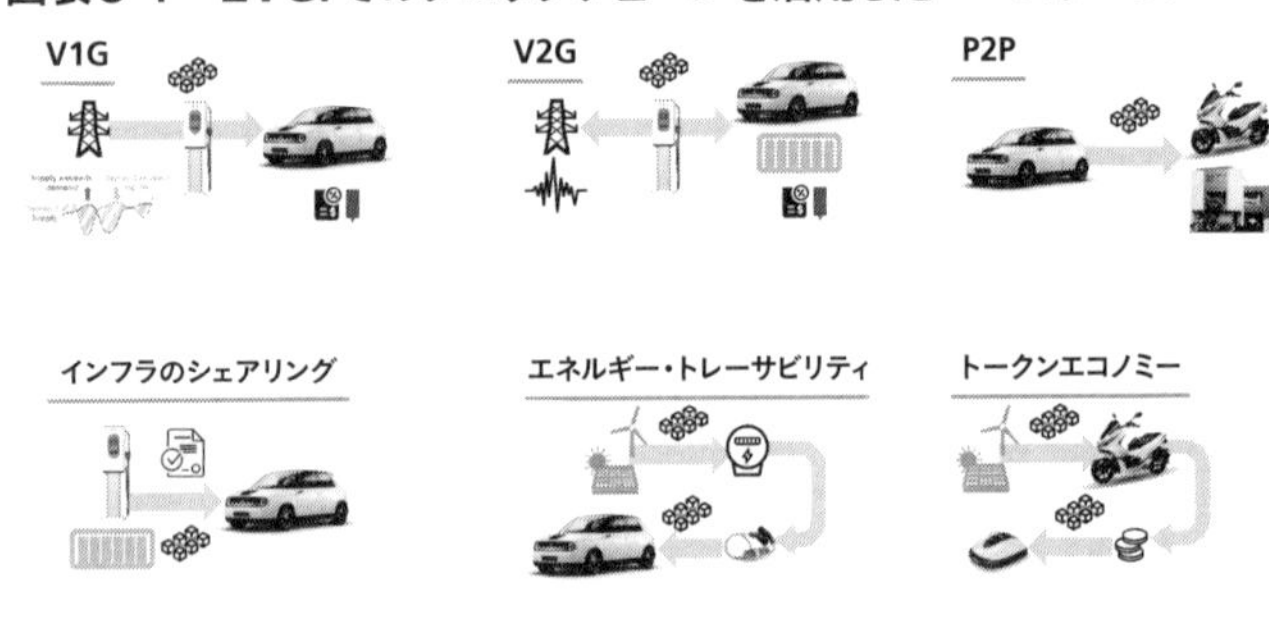

出所：ホンダ*2

を活用したＥＶＧＩの標準規格を作成・発表した。ホンダは社内でもワーキンググループを立ち上げており、ブロックチェーンのビジネスへの活用を積極的に模索している。

図表５－１が、同社が追究している、ブロックチェーンをＥＶに活用したユースケースである。ブロックチェーンを活用することで、スマートシティやグリッド内でのエネルギーデータをネットワーク化し、ＥＶは価値を運ぶノードとして重要な役割を果たす。それがＥＶ自身の価値を高め、ＥＶの購入者・所有者の費用対効果を高めるのである。

これらの動きを踏まえると、ホンダはブロックチェーンを、イーマース・コンセプトのカギを握る技術のひとつとして捉えている、と考えられる。

ブロックチェーンを活用することで、ＥＶはスマートシティとスマートグリッドの構築において、欠かせない存在となる。

2 スマートシティとスマートグリッドで不可欠なEV

自動車会社として初めてZFがモビリティサービス向けウォレットを開発

スマートシティにおける、EVのマネタイズ（収益化）のユースケースとしては、モビリティサービス向けのウォレットの開発が活発化しており、ビジネス実装もすでに始まっている。

「真の自動運転車を実現するためには、自律的に決済する能力が必要である」

自動車部品大手の独ZFから2018年にスピンオフした、ブロックチェーン開発企業のカーイーウォレット（ZF Car eWallet GmbH）で創設者・CEOを務めるトーステン・ヴエーバー氏（Thorsten Weber）は言う[3]。

将来、完全自動運転車と非接触充電器が普及すると、充電スタンドや非接触充電器が埋め込まれた道路や駐車スペースで、車は自律的に充電し、決済も実行する。充電以外のサービスでも、車は人の介在なしに、決められたルールの中で自律的に消費を完結する。運転のみならず、充電などモビリティサービスもハンズオフで自律的に消費できる車が、真の自動運転車と言えるのである。

Ｍ２Ｍで、スマートコントラクトとマイクロペイメントを実行するためには、ブロックチェーンとウォレットが必要である。ＺＦは２０１７年１月に、このモビリティサービス向けのウォレットを、スイスの銀行大手ＵＢＳ、そして、ドイツでエネルギー先進技術を開発支援するイノジー・イノベーション・ハブ（innogy Innovation Hub）と共同開発した。

２０１８年にＺＦからスピンオフしたカーイーウォレットは、シームレスでシンプルかつ安全な、モビリティサービス向けのオープンマーケットプレイスの提供に取り組んでいる。そして、２０１９年にはエネルギー大手の独バイワ（BayWa）と様々なソリューション開発を行い、その最初の成果として、「スマート給油（Smart Fueling）」というサービスをバイワのＳＳで提供し始めている。２０２０年内には、約１５００あるバイワのほぼ全ＳＳで展開される予定だ。

図表5-2　カーイーウォレットが開発したウォレット

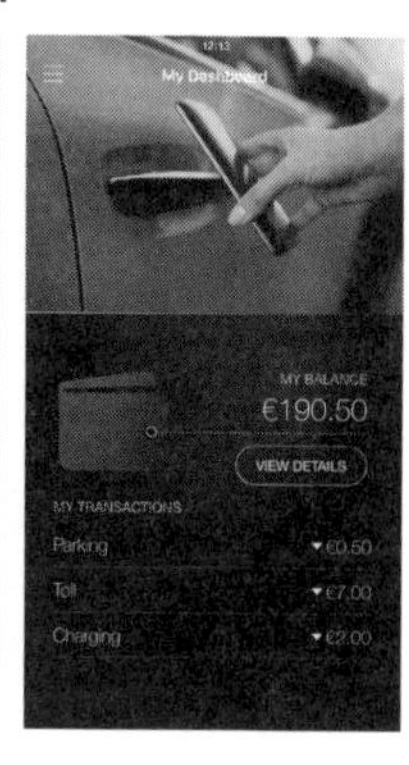

出所：ZF Car eWallet GmbH

このサービスはこのように使われる。ユーザーは事前にPCやスマホからウォレットに送金し、ウォレットが一定の上限金額まで自律的に支払いできるように設定する。SSで給油するときに、ウォレットが自律的かつ瞬時に支払いを実行するため、これまでのようなカード払いで決済システムに接続する時間を省くことができる。

カーイーウォレットは他のサービスでの展開も進めており、駐車アプリ用のウォレットを、ドイツやオーストリア、スイスで展開している。そして、EV充電でのウォレットも開発中で、近くビジネス実装が開始される予定である。充電スタンドで充電する際には、利用ごとに求められる登録やログイン作業が不要になり、充電スタンドにプラグインして充電を終えると同時に、決済が完了する仕組みになる。

充電スタンドとネゴするEVがスマートシティ構築を後押しする

同じく自動車部品大手のロバート・ボッシュも、EV用のウォレット開発に取り組んでいる。2019年に同社は、EV充電のコンソーシアムである独シェア・アンド・チャージ（Share&Charge）、通信大手ドイツテレコムの研究開発部門であるTラボ（Telekom Innovation Laboratories）、ブロックチェーンと人工知能及びディープラーニングのプロジェクトである英フェッチAI（Fetch.AI）と共同で、「マイ・イージー・チャージ（My Easy Charge）」というアプリケーションを発表した。

実証実験段階にあるこのソリューションでは、車と充電スタンドにAI搭載の自律エージェント（自分で状況を判断して適切な行動をするソフトウェア）が組み込まれている。車の自律エージェントは充電スタンドと自律的に価格交渉しながら、ドライバーの予算に見合った充電スタンドを探し出し、最適な走行ルートを提案する。

例えば、ドライバーのライフスタイルや趣味に合わせて、子供が遊ぶための公園やお気に入りのカフェに近い充電スタンドの中から、充電待ち時間が少ないスタンドを探し出したりもする。ユーザーは、自律エージェントのおかげで、効率的でストレスフリーな運転ができるようになる。

充電スタンドの運営業者やモビリティサービスの提供者は、このアプリケーションを導入することで、決済などのプロセスの簡素化により、取引コストを削減できるだけでなく、スマートコントラクトによる充電時のシームレスなデジタル体験や、ライフスタイルに合った効率的なルート検索・設定といった、ユニークなユーザー経験も利用者に提供できる。このようなアプリケーションを導入することで、他社のサービスとの差別化を図ることが可能となる。

また、フェッチAIでビジネス開発部門のトップを務めるマリア・ミナリコヴァ氏（Maria Minaricova）は、「エリア内の数多くのEVと充電スタンドの自律エージェントたちが、お互いにコミュニケーションを取ることで、充電スタンドでの待ち時間の削減が渋滞緩和にもつながり、地域ネットワークの最適化を効率的に実現することもできる」と言う[4]。

ブロックチェーンとAIを組み合わせて、M2Mでデータ取引を行うEVと充電スタンドのネットワークを構築すると、コミュニティ内でのモビリティの流れをスムーズにすることができる。スマートシティの一翼を担うのである。

EVがエネルギープロシューマーとしてスマートグリッドの価値を高める

ブロックチェーンを活用したEVのユースケースは、スマートグリッド（次世代送電網）のV2G（Vehicle to Grid）領域でも模索されている。

V2Gとは、EVに蓄電された電力を電力系統に放電することにより、EVを電力の需給調整に利用することである。世界的に脱炭素社会の実現を目指す動きが強まる中、急速に導入が拡大している風力発電や太陽光発電などの再生可能エネルギーに対する新たな調整力として、V2Gの導入機運が高まっている。

そして、スマートグリッドの中でも、とりわけ仮想発電所（Virtual Power Plant：VPP）において、ブロックチェーンの活用とEVとの融合が今後進んでいく。VPPとは、再生可能エネルギーの発電や蓄電池、EVや住宅設備などをまとめて管理し、地域の発電・蓄電・需要を、あたかもひとつの発電所があるかのようにコントロールする、いわばエネルギーの地産地消を実現する仕組みである。

VPPを模索する動きの背景には、欧米の電力業界における、中央集権型システムから分散型システムへのシフトがある。そして、スマートグリッドの発展の中で、分散型エネルギー源（Distributed Energy Resources：DER）を構築するソリューションとして、小規模なエネルギーネットワークであるマイクログリッドという考え方が生まれた。マイクログリッドを具体化し、発展させたものがＶＰＰである。

ＳＤＧｓの観点でも、持続可能性の高い地域電力ネットワークとして、ＶＰＰの必要性は高まっている。例えば、台風などの災害が発生し、送電塔が倒れても、グリッドが異常を検知して自動的に送電ルートを調整し、大規模停電を防ぐことができる。また、ローカルなエリア内の電力供給が可能になれば、送電時の電力ロスが小さくなり、電力を効率的に利用することができる。災害に弱いことや、多額の資金を必要とする大規模電力ネットワークが未整備である発展途上国では、ＶＰＰのニーズは今後高まることが予想される。

これまでのように、独占的な大手電力会社が大規模発電所から長距離送電するような、トップダウン型の電力供給ではなく、コミュニティ単位でグリッドが自律的に電力を供給できるようなデザインが求められているのである。

このようなＶＰＰを構築する上で、ブロックチェーンの活用は欠かせない。ブロックチェーンを活用することで、ＶＰＰのすべてのノードがＰ２Ｐでつながり合い、お互いに更新しながら、電力の生産と分配を実行するモデルができるからである。実際、国内外で、ブロックチェーンを活用した数多くのＶＰＰプロジェクトが立ち上がっている。

今後は、ブロックチェーンベースのＶＰＰのノードにＥＶを加えると、ＥＶは充電で電力消費するだけでなく、自律的にP2Pで他のノードに売電もできるようになるため、エネルギーのプロシューマー（生産消費者）としてのEVを所有する価値が生まれる。そして、EVが持つデータから、人とモノそしてエネルギーの動きが把握できるようになると、個人とEV、そしてグリッド設備（ノード）のデジタルIDをブロックチェーン上で管理していれば、スマートグリッドのデジタルツインを生成することができる。エネルギーデータはスマートグリッドと、それを包括するスマートシティの資産となり得るのである。

そのようなスマートシティのスマートグリッドで走るEVは、価値のインターネットにおける重要な媒体となる。

3 車載電池のライフサイクルマネジメントを強化する

車載電池のリユースとリサイクルは絶好のビジネスチャンス

「電池の、特に車載用に使われるリチウムイオン電池の原材料については、これはリサイクルが大前提条件になると思います」

リチウムイオン電池の開発に貢献し、2019年ノーベル化学賞を受賞した、旭化成の吉野彰名誉フェローが、受賞直後に東京の日本記者クラブで述べた言葉である。そして、吉野氏はこの記者会見で、もうひとつ興味深いことを言った。

「環境問題を優先すると、経済性もしくは利便性が損なわれますね。（中略）そろそろ地球環境問題と経済性と利便性、この3つがうまく調和するような、そういう技術開発が出てきますよ。（中略）環境問題というのは、絶好のビジネスチャンスですよ[5]」

吉野氏の発言の約1カ月前の2019年11月6日、学術誌「ネイチャー（Nature）」があるレビュー論文を一般公開した。それは、こういう警告を発した。世界的な電動化の進展を背景に、今後大量に発生する使用済み車載用リチウムイオン電池は、深刻な環境汚染を引き起こす可能性がある。それと同時に、こうも述べた。自動車メーカーと電池メーカーが戦略的にリユース（再利用）とリサイクルの技術を高めることは、ビジネスチャンスにつながる。それらのさらなる研究の必要性が高まっている[6]。

また、米マサチューセッツ工科大学（ＭＩＴ）も2020年5月22日に学術論文を発表し、車載バッテリーのリユースは、車載電池を定置型蓄電池として二次利用するスマートグリッドの太陽光発電事業者と、電池をリユース提供するＥＶメーカーの双方にとって、収益が見込めると発表した。米カリフォルニア州での実証実験で明らかになったことである[7]。

ＥＶ用電池は集団退役期に突入する

このように、車載用電池で主流となったリチウムイオン電池のリユースとリサイクルへの注目が一気に高まっている背景には、今後、大量の廃棄バッテリーが世界中で発生するリスクが高まっていることがある。他方、この廃棄バッテリーの発生を抑制することにつながる、リユースやリサイクル事業をビジネスチャンスとして捉える動きも活発化している。

利用期間の長さに比例して劣化する車載用電池は、充電しても満タンにならず、全体の容量が約70％を下回ると、利用者はその劣化を強く認識して、交換または廃棄することを選択する。一般的に、ＥＶ用電池の容量が70％を下回るまでの期間は6～10年である。

今からこの期間をさかのぼると、ちょうどその時期は、ＥＶの普及が一気に進んだタイミングと重なる。世界最大のＥＶ市場である中国では、今から8年前の２０１２年6月28日、中国国務院が「省エネ・新エネルギー自動車産業発展計画」という中期計画を発表し、「新能源」と呼ばれるＥＶに対する支援政策を初めて実施した。その後、２０１５年に国務院は「中国製造2025」、そして「電気自動車の充電インフラ発展に関する指南」を打ち出した。結果として、中国でのEV販売台数は2012年の約1万台から2019年には97万台にまで急拡大した。

中国の急速な電動化に刺激されたこともあり、海外でも同様に電動化の推進が図られ、EVの販売台数はグローバルで加速度的に増加した。ブーム初期に買われたEVに搭載される電池は、今後数年で「引退」を迎える。すでに足元でも、大量の廃棄バッテリーが発生しているが、今後その数は一層急激に増加することになる。

車載電池のリユース・リサイクルにおける問題

これまで、自動車メーカーや電池メーカーは、電池のリユースとリサイクルを促進するため、車載用バッテリーの規格統一や、回収システムの構築を進めてきた。ディーラーや解体業者で回収された使用済み電池は、メーカーの施設を経由して、リサイクル施設に運び込まれ、テストされる。その結果、まだ利用可能な電池は、住宅や発電所の定置型蓄電池としてリユースされる。いわゆるESS（Energy Storage Service）の中で、電池は「第2の人生」を送る。

他方、テストの結果で再利用が不可能と判断された場合は、その電池は解体され、部品から取り出された希少金属などはリサイクル利用される。

しかし、現実としては、リユースやリサイクルの処理能力が備わっているにもかかわらず、実際に回収処理される電池の容量はかなり少ない。特にこの問題は中国において深刻である。使用済み電池のリユースとリサイクルが進んでいない原因は、その収益性の低さにある。

低収益の背景には、2つの問題がある。第1に、技術的な問題がある。現在回収されている多くの電池は、EVブーム初期に生産されたもので、規格がばらばらである。各メーカーがそれぞれの基準で製造した電池を解体し、リサイクルするためには、特殊な機材や専門知識の高い人材を必要とするため、コストが嵩む。

第2に、リユース品として売るための処理コストに対して、使用済み電池の再販売価格が低いことである。この問題は、技術革新によって、処理コストを下げることが求められるが、それ以上に、再販売価格の改善が重要課題となっている。

電池のシェアリングエコノミーとサーキュラーエコノミーの構築

使用済み電池の再販売価格が低い理由は、中古電池の価値評価の「ものさし」がなく、寿命など電池の品質に関わる情報の信頼性が乏しいからである。車載用電池が「第2の人生」

を送れるようなリユース品として世に出回るためには、信頼の置ける電池の性能評価手法の開発と、その環境整備が必要である。

信頼性の高い電池の残存価値を測ることができれば、収益性の改善が見込める回収業者は、リユース品としての使用済み電池をより多くＥＳＳ市場に送り込むことができる。結果、電池は今まで以上に長い期間で有効活用されるのである。

さらに、リユースされた後も、寿命を迎えた電池が適切にリサイクルされ、リサイクル材料が新しい電池の材料として再資源化されれば、資源の有効活用も進む。また、廃棄バッテリーから流出する廃液が減り、環境汚染問題も改善される。リユースとリサイクルの増加により、電池のシェアリングエコノミー（共有型経済）とサーキュラーエコノミー（循環型経済）の構築が進めば、廃棄バッテリーの発生量を抑え込むことができる。

ライフサイクルマネジメントを強化する残存価値測定システム

ブロックチェーンを活用することで、このような電池のライフサイクルマネジメント（ＬＣＭ）を強化することができる。

電池の品質（価値）を左右する充放電時の利用情報や、物理特性の変化、回収業者や再販事業者へ販売された時の取引情報を、ブロックチェーンで管理すれば、中古電池のより的

図表5-3　電池残存価値予測システム（BRVPS）のビジネスコンセプト図

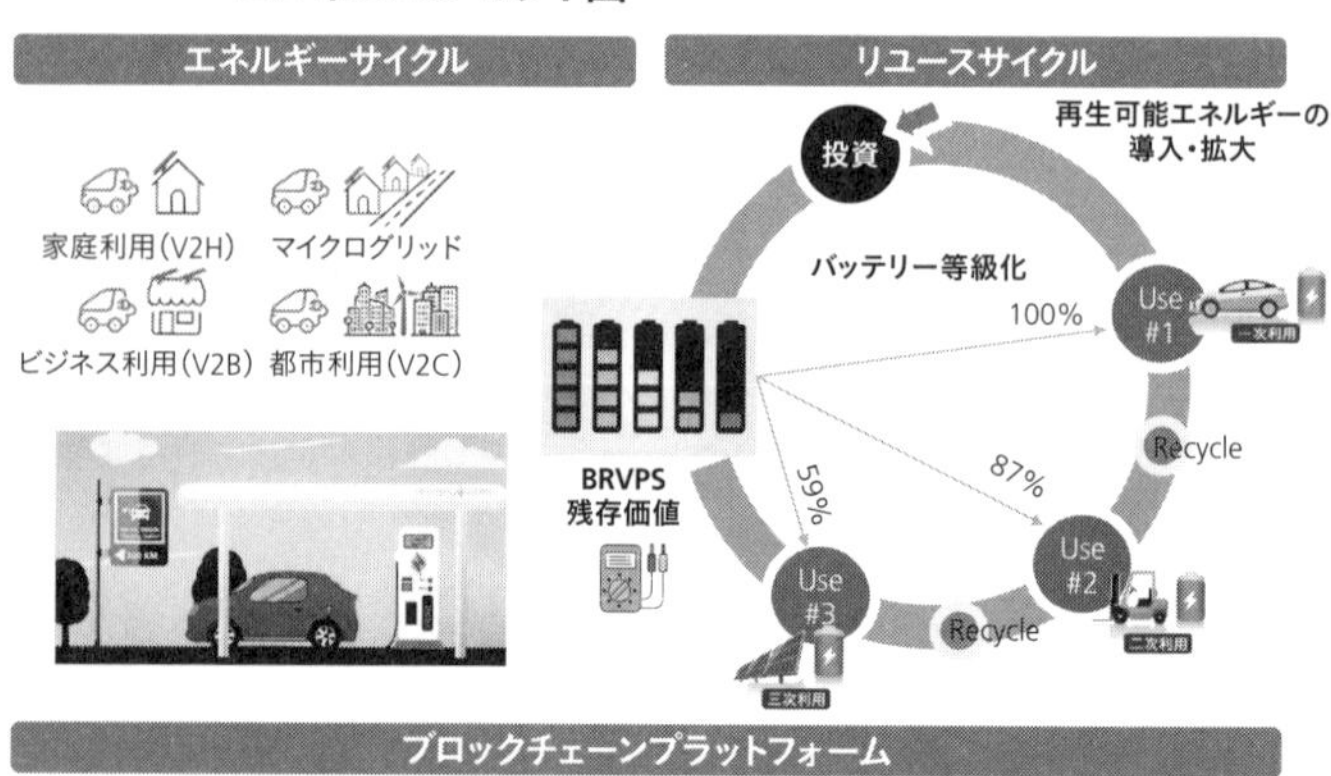

出所：カウラ提供資料を筆者が和訳

確な価値評価が可能となる。ユーザーの品質への信頼が高まれば、品質に見合った再販売価格で、使用済み電池を売ることができる。使用済み電池の再販売価格を、本来の価値にまで押し上げることができるのである。

日本のブロックチェーン開発企業であるカウラ（Kaula Inc.）は、このようなＥＶ用電池のトレーサビリティを実現する、バッテリー残存価値予測システム（Battery Residual Value Prediction System：ＢＲＶＰＳ）を開発している。ＢＲＶＰＳでは、ＥＶメーカーとＥＶ所有者、一次流通市場から先にいる回収業者や再販業者といった中間流通業者及び二次・三次利用業者が、リチウムイオン電池に取り付けられているバッテリーマネジメントシステム（BMS）という機器が集める電池の情報を、ブロックチェーン上に記録する。その情報を基に、電池の残存価値を予測し、等級化する。一次、二次、三次利用者にとって、電池の残存価値が透明性の高い情報を基に可視化されることで、電池の循環取引が促進されるのである。

結果として、電池リユースのカスケード（連結・連鎖）を形成することが可能になり、廃棄バッテリーが発生する余地を小さくすることができる（図表5－3）。

2020年中にEVメーカーや電池メーカーが同システムをビジネス実装する。そして2021年中に、同システムには予測AIが組み込まれる。電力需要の予測精度が上がることで、このシステムが電力グリッドで展開される可能性が高まる。なおカウラは将来的に、このシステムをトークンエコノミーで展開し、カーボンクレジットや再生可能エネルギーのデータマーケットプレイスを創造することを目指している。

第6章

レモンをピーチに
自動車流通の
進化が加速

1 情報の非対称性を解消　保険が変わる

レモン市場と情報の非対称性

レモン市場（The Market for Lemons）――

UCバークレーやLSEで教鞭を執り、2001年ノーベル経済学賞を受賞したジョージ・アカロフ教授（Prof. George A. Akerlof）が、1970年に発表した論文のテーマである。

レモンは皮が厚くて外見から中身の見分けがつかないことから、主に米国では低品質の中古車のことを「レモン」と呼ぶ。逆に、外見の良し悪しが比較的容易にわかるものは「ピーチ（桃）」と言う。「レモン市場」では、売り手は取引する中古車の価値を十分にわかっているが、買い手は売り手と同等の情報を持っていない。この売り手と買い手の間で情報の量と質に格差がある状況を、「情報の非対称性（Information Asymmetry）」と呼ぶ。

情報の非対称性が存在する市場では、売り手が買い手の無知につけ込み、悪質な中古車を良質な中古車と称して販売するリスクが発生する。このリスクを意識する買い手は、良質な中古車、すなわち高価な中古車を購入したがらなくなる。そして、それを予想する売り手は、買い手の予算以上の高い中古車を売りに出すことを諦めてしまう。

結果として、市場に出回る中古車はレモンばかりになってしまい、また、売り手は良質車の出品を手控えるので、出品台数を減らしてしまう。中古車の市場価格は低下し、市場規模も小さくなってしまう。

情報の非対称性は、主に2つの社会厚生の悪化をもたらす。第1に、逆選択（Adverse Selection）という、市場から良質な財・サービスが排除されることがある。第2に、情報の非対称性を利用して自分自身の利益を最大化させようとする、機会主義的な行動が生まれるといった、モラルハザードが発生することである。

情報の非対称性を解消するソリューションのひとつとして、ブロックチェーンの活用が注目されている。非改ざん性のある取引データをブロックチェーン上で管理・共有できるようにした、信頼の仕組みを構築できれば、財やサービスの品質の不確実性を低減することができるからだ。

情報の非対称性を大きな課題としている市場は、主に保険市場、中古車市場、労働市場が挙げられる。本書では、自動車保険と中古車市場について説明する。

自動車保険市場における逆選択とモラルハザード

自動車保険における逆選択とモラルハザードといった課題は、このようなものである。

安全運転ができる、高い技能を身につけた運転者と、技能が未熟で事故を起こしやすい運転者を区別するのは難しい。保険会社が一律の料率で保険料を課すならば、安全運転する運転者にとっては割高となり、事故を繰り返す危険な運転者にとっては割安な自動車保険となってしまう。結果として、優良ドライバーが保険に加入せず、運転に問題のある危険なドライバーだけが保険に加入するリスクが生まれる。レモン（危険なドライバー）がピーチ（優良ドライバー）を市場から蹴り出すという、逆選択が起きるのである。

保険会社は、加入者のリスクの程度と一定の関係がある指標（シグナル）として、運転者の年齢や事故履歴、利用頻度、ゴールド免許の有無といった情報を基に、保険料率を設定する。しかし、それだけでは、加入者の元来のリスクを正確に把握するのは難しい。

モラルハザードのリスクは、保険契約後の加入者に規律の緩みが生まれてしまうというものである。これは、自動車保険に加入した結果、多少荒い運転をして車が傷ついても、保険会社が修理費を払ってくれて、自分の懐は痛まないと、気持ちにスキが生まれるリスクである。加入者は安全運転を疎かにしたり、極端なケースでは、保険金目当てに故意に傷をつけたりするような行動に走ってしまう。このような行動規範の緩みがモラルハザードである。

モラルハザードが生まれるのは、保険会社が保険加入後の運転者の行動を完全にモニタリング（監視）することができないことが背景にある。加入者が従来通りに慎重に運転したにもかかわらず、不慮の事故で車を傷つけたのか、モラルハザードによって事故が起きたのか。保険会社がこれらを識別できない場合、いずれのケースも同じ扱いにせざるを得ない。保険会社が取引開始後のドライバーの行動を監視する費用（すなわち取引コスト）が嵩んで、保険会社がしっかりドライバーを監視できなくなると、モラルハザードが起きるリスクが高まる。

テレマティクス自動車保険の普及が加速

自動車におけるＩＴ技術の進化により、テレマティクス自動車保険（以下、テレマティクス保険）の普及が進んでいる。テレマティクス保険は、情報の非対称性がもたらす課題を軽減するソリューションである。テレマティクス保険とは、車に取り付けた機器が、走行距離や運転手のアクセルやブレーキの頻度・かけ方といった運転特性を測定し、そのデータを収集・分析することで、運転者個別のリスクに応じた保険料を設定する保険である。テレマティクス保険は、保険とＩＴを組み合わせたインシュアテック（InsurTech）の一種で、損害保険における、工場設備や車両の運転、航空機などの運行をモニタリングして、その利用情報を基に保険料を決める、いわゆる利用ベース保険（Usage-Based Insurance：ＵＢＩ）の一種である。なお、呼びやすさの観点から、以下、テレマティクス保険をＵＢＩに置き換えて説明する。

従来型の自動車保険では、保険料は契約前に算出されていた。一方、ＵＢＩでは、保険会社は通信システムを介して運転情報を収集し、分析して得られた情報を加味して、個別に保険料金を計算した上で、運転手に保険料を請求する仕組みである。運転情報に良い評価（スコア）がつけば保険料は安くなり、逆にスコアが悪ければ保険料は高くなる。ドライバーは安全運転をすることで評価され、保険料の減額というかたちで報われるという、インセンティブ設計された保険である。

ＵＢＩは主に2種類ある。運転者の走行距離に比例して保険料が設定される、走行距離連動型（Pay As You Drive：ＰＡＹＤ）と、運転者の運転特性を細かく測定し、より安全な運転をしていると判定した場合に料率を下げる、運転行動連動型（Pay How You Drive：ＰＨＹＤ）の保険である。

ＵＢＩの成り立ちは、１９９８年に米保険会社プログレッシブ（Progressive）が、オートグラフ（Autograph）というＰＡＹＤ保険を世界で初めて開発したのが始まりである。２００４年に同社はトリップセンス（TripSense）という名の保険商品を上市したが、当時の主流はＰＡＹＤだった。

２０１１年に同社はスナップショット（SnapShot）というＰＨＹＤ保険を発売したことを皮切りに、ＵＢＩはＰＡＹＤからＰＨＹＤへとシフトし始め、自動車保険におけるＵＢＩの販売比率は上昇し続けている。

２００８年のリーマンショックによって、米国人が自動車保険料の支払いに対して慎重になったのが、ＵＢＩ需要の高まりの背景にあるが、コネクテッドカーの普及も相まって、このトレンドはグローバルで進行している。欧米と日本では現在、自動車保険の約２～３割がＵＢＩである。

ブロックチェーンを活用したＵＢＩ

ＰＨＹＤ型のＵＢＩにブロックチェーンを活用する動きが出始めている。ＵＢＩにおける、保険金請求の透明性、効率性、そして信頼性を高めるために、ブロックチェーンの活用が有効的であるからだ。

ＵＢＩが抱える課題は主に2つある。保険会社による保険料算出プロセスが不透明であることに起因する逆選択のリスクと、被保険者が保険会社に提供するデータを改ざんするという、モラルハザードリスクである。ブロックチェーンの活用が、これらの課題に対するソリューションとなる。

独ＩＯＴＡ財団と台北市のスマートシティプロジェクトで協働する、台湾のブロックチェーン開発企業ビーラブズ（BiiLabs）は２０１９年4月、同じく台湾のテレマティクス開発企業トランスＩｏＴ（TransIOT）とブロックチェーンを用いたＵＢＩの開発計画を発表した[1]。

このアプリケーションでは、トランスＩｏＴが提供する車載故障診断装置（ＯＢＤ－Ⅱ）から取得した運動特性データを、ハッシュ値と併せてタングル（Tangle）という分散型台帳に保存する。なお、タングルは厳密にはブロックチェーンではなく、ブロックの概念がない「次世代型ブロックチェーン」と言われる分散台帳技術である。

このＰ2Ｐ・Ｍ2Ｍの分散型データベースでは、データは改ざんが不可能なかたちで安全に保存され、信頼性が高まる。また、保険料算出プロセスの透明性の問題も解決する。加えて、保険金請求の際は、保険会社が認定した指定修理業者で修理された場合にのみ、自動化された支払いシステムによって保険金が支払われる。このようなスマートコントラクトにおける支払いプロセスの透明性は、保険会社だけでなく保険加入者にとっても有益である。

このアプリケーションは2つのサービス形態で提供される予定である。自動車メーカーが新車生産時にプレインストールする組み込み型システムと、車両のOBD－Ⅱポートに小型デバイスを差し込むシステムがある。すなわち、新車だけでなく、OBD－Ⅱを搭載した中古車にも導入可能なアプリケーションである。

中古車査定精度の向上とトークンエコノミーとの連携

UBIへのブロックチェーン活用は、単に自動車保険の逆選択やモラルハザードといった課題を解決するだけではない。次節で説明するが、UBIで得た非改ざん性のある走行データや事故・修理履歴は、中古車査定の精度を向上させるものである。また、安全運転へのインセンティブ設計がなされているUBIの普及は、交通事故の減少という、コミュニティ社会にとってのメリットとなる。従ってUBIは、安全運転をすることにトークンを与えるかたちで、トークンエコノミーと相性が良いアプリケーションである。UBIとデジタル地域通貨を連携させるというユースケースが、今後模索される可能性がある。

2 中古車市場の健全化と新徴税システムの構築

中古車のデジタルツインをつくる

自動車流通にブロックチェーンを活用することで、中古車の査定精度が向上すると、多くの「レモン」が「ピーチ」に変わる。結果として、中古車市場の健全化と活性化につながる。図表6―1が、自動車流通にブロックチェーンを活用したコンセプト図である。自動車メーカーは新車にウォレットを搭載し、ＶＩＤを発行する。ＶＩＤをブロックチェーンに記録し、ＩｏＴを活用することで、車のデジタルツインが生成される。

デジタルツインには、新車・中古車ディーラーや中古車ＥＣサイトでの取引情報や、整備工場や保険会社が持つ車の事故・修理履歴などに加え、車載センサーから得られる走行距離やエンジンやモーター、バッテリーなどの稼働状況に関する情報を反映する。

中古車の価値を決定するこれらの情報が、改ざんされない形でブロックチェーンに記録

図表6-1　自動車流通にブロックチェーンを活用したコンセプト図

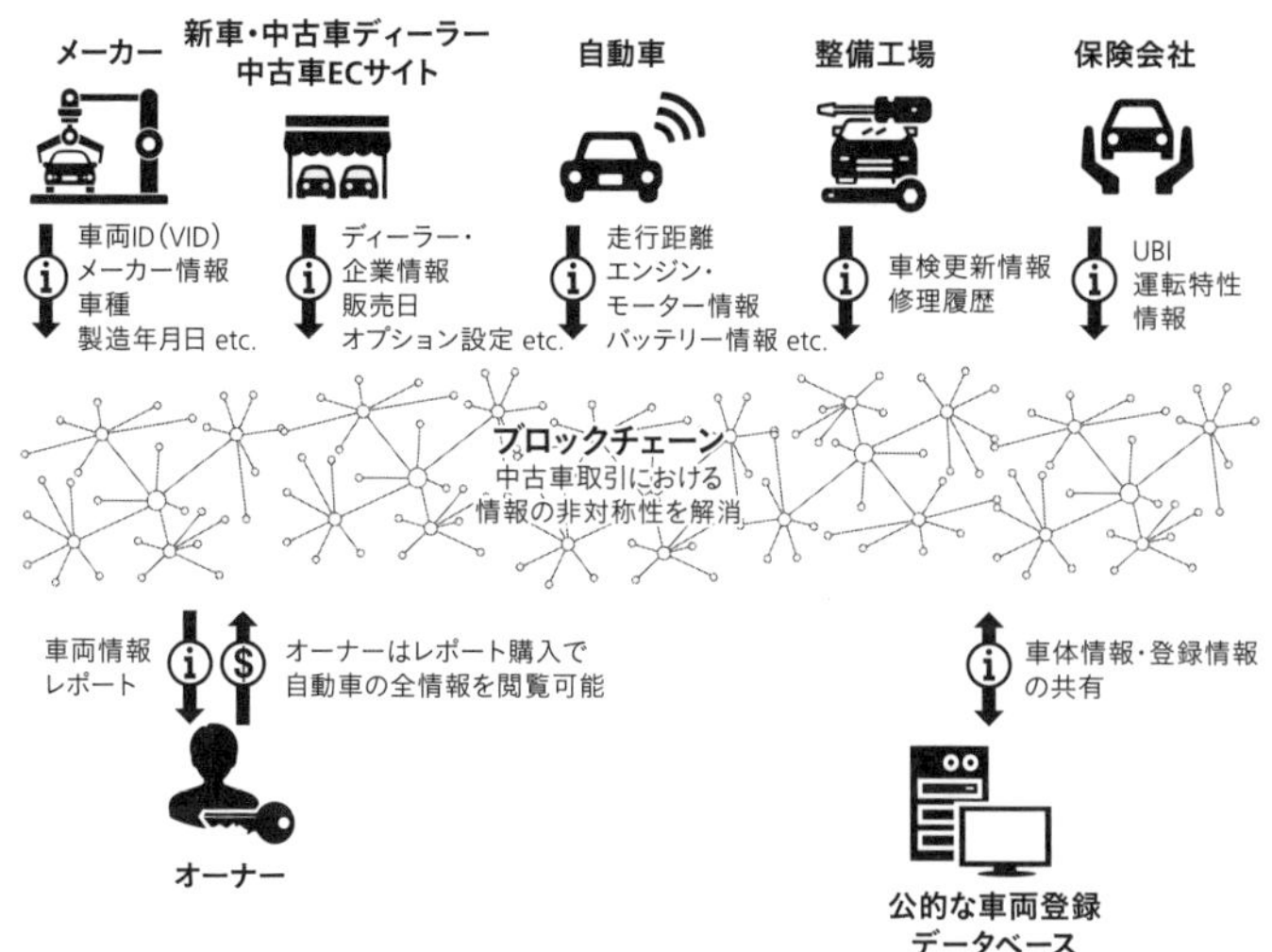

出所：筆者作成

され、取引参加者がこれら取引情報を分散共有していれば、中古車取引の際の査定精度が向上する。中古車価格がその車の本質的な価値に近づくことになる。中古車のデジタルツインをつくることで、情報の非対称性が解消され、市場では良質な中古車の出品が増えて、市況が改善するのである。

　中古車市況が改善すれば、中古車価格をベンチマークとする下取り価格も上昇するため、カーオーナーは次の新車に乗り換えやすくなる。メーカーもディーラーも、ブロックチェーンを上手く活用して中古車価格の改善に努めれば、新車需要を喚起することもできる。

なお、ＶＩＤを発行することは、デジタルツインの生成だけでなく、車両識別番号（Vehicle Identification Number：ＶＩＮ）の改ざん防止にも役立つ。ＶＩＮとは、車両の製造メーカー、工場、車体情報などを基に作成された、車両固有の番号である。ＶＩＮは車のフレームなどにつけられるメタルプレートに打刻されている。

日本では不正打刻車はごく稀に発生すると言われるが、海外ではＶＩＮが改ざんされた車（二輪車を含む）が一定量流通している。非改ざん性のあるＶＩＤは、不正改ざんのリスクがあるＶＩＮに置き換わるものでもある。

デジタル車両パスポート

ＢＭＷは数多くのブロックチェーン企業と提携しているが、これらの提携には中古車流通におけるブロックチェーン活用の追求も含まれる。

同社は２０１９年４月に、中国のブロックチェーン企業のヴィーチェイン（VeChain）と、「ヴェリファイカー（VerifyCar）」というアプリを開発していることを発表した。このアプリは、車の走行距離、バッテリーやフィルターの交換履歴などを、改ざんできないかたちで記録するものである。このような車のデジタル台帳は「デジタル車両パスポート」

とも呼ばれている。

ドイツでは約3割の中古車で、走行距離計（オドメーター）の巻き戻しというデータ改ざんが行われており、適正な中古車査定を妨げる要因となっている。メーターの巻き戻しは、ドイツのみならず、全世界で起こっている問題である。ブロックチェーンは、このような不正を防止し、中古車市場の品質・市況を改善する役割を担う。

このアプリはすでに車載環境でテスト済みであり、BMWは近い将来にこのアプリを導入する予定である。

シンガポールで中古車マーケットプレイスの実証実験が始まる

シンガポールの中古車取引は月間約9000台の規模であるが、そのうち約70%は同国最大の自動車販売サイトであるエスジーカーマート（sgCarMart）で行われている。2019年7月、エスジーカーマートは分散型のデータ交換プロトコルを提供する、オーシャンプロトコル（Ocean Protocol）とのパートナーシップを発表した。併せて、ブロックチェーンを活用した中古車の「KYVデータマーケットプレイス（Know-Your-Vehicle Data Marketplace）」という、オーシャンプロトコルとの共同実証実験を始めた。

なお、本人確認手続きは一般的にKYC（Know-Your-Customer）と呼ばれる。ブロック

図表:6-2　エスジーカーマートとオーシャンプロトコルによるKYVのコンセプト図

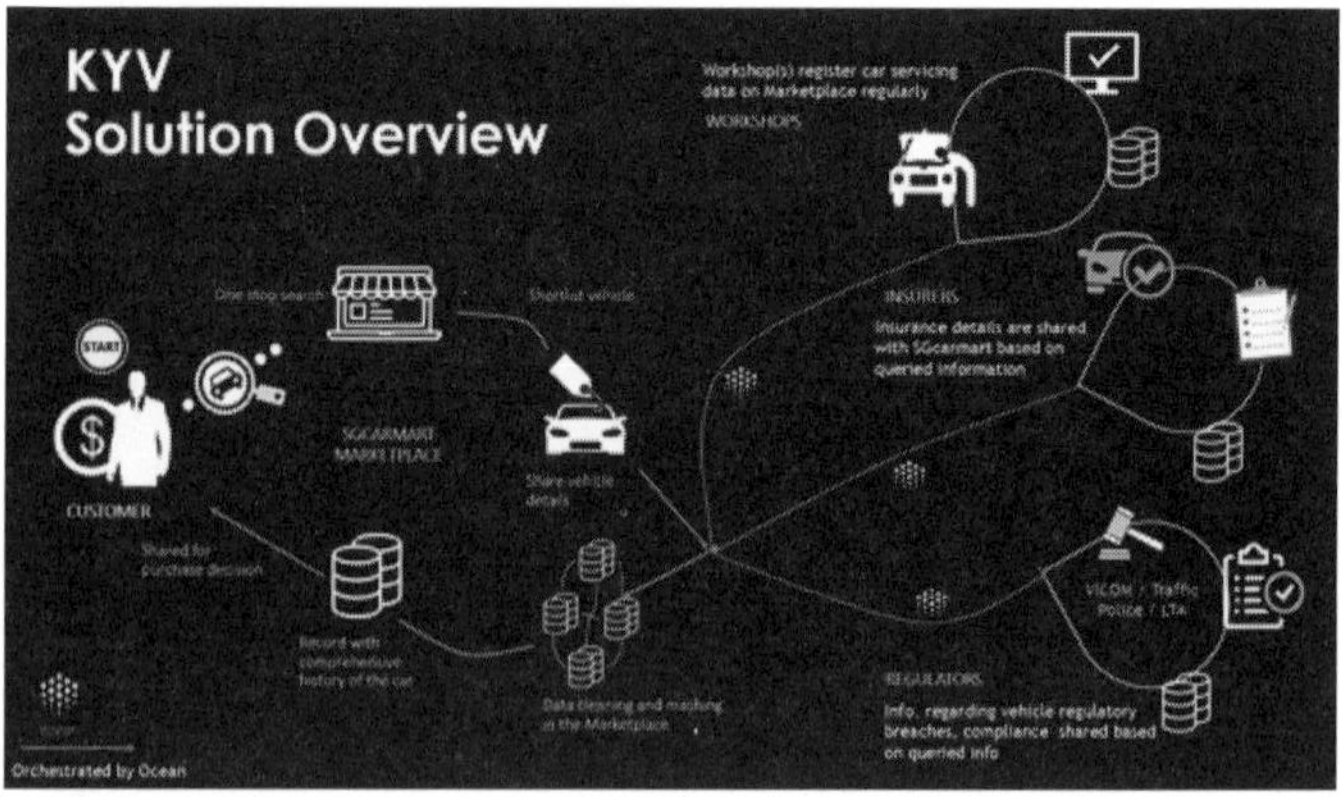

出所：Ocean Protocol

チェーンにＫＹＣ結果を記録することで真正性を確保し、様々な取引における本人情報の入力や本人確認書類のアップロードを一度で済ますというプロセスは、金融業界を中心に世界中で実証実験が行われている。ＫＹＶは、ＫＹＣで入力する個人情報を車両情報に置き換えたものである。

図表6－2がＫＹＶプラットフォームのコンセプト図である。このコンソーシアムには中古車のオーナー、整備工場に加えて、保険会社、そして車検業者のＶＩＣＯＭやシンガポール陸上交通庁（ＬＴＡ）といった規制当局が参画する。車両オーナーはまず車両情報をシステムに入力し、整備工場や保険会社は修理・事故履歴や保険情報を記録する。また、データ提供者に対してト

ークンが支払われるというインセンティブ設計がなされている。

このようなデータマーケットプレイスを構築することで、中古車取引における情報の非対称性が是正されるため、取引は活発化し、市場にはより多くの良質な中古車が出品される。結果、中古車市況が改善される。将来的には、「シンガポールの産業界や政府がこのデータマーケットプレイスを活用することで、市場活性化のみならず、シンガポール国民にとってより環境に優しく、より効率的なモビリティ社会の未来が拓ける」と、エスジーカーマートは述べている[2]。

日本製中古車のさらなるグローバル化にブロックチェーンが必要

シンガポールのような中古車流通におけるブロックチェーンの活用は今後、世界的に拡がっていくだろう。年間取引台数で1500万台規模の巨大な中古車市場を抱える中国でも、ブロックチェーンスタートアップのプラットオン（PlatON）が2019年8月に、独ダイムラーの北京での販売会社BMBS（Beijing Mercedes-Benz Sales Service Company）向けに中古車の残存価値管理プラットフォームを開発している[3]。

中古車の国際市場でブロックチェーンの活用が進むことは、日本の自動車産業にとってもプラス材料となるはずだ。世界的に品質が高く評価されている、右ハンドルの日本の中

図表6-3　日本からの仕向け地別中古車輸出台数

暦年	全世界 (千台)	アフリカ地域 (千台)	アラブ首長国連邦 (千台)	ロシア (千台)	ニュージーランド (千台)	チリ (千台)	ミャンマー (千台)	モンゴル (千台)	スリランカ (千台)	ジャマイカ (千台)	その他 (千台)
2009	676	158	90	53	57	51	7	6	2	4	247
2010	838	190	87	105	69	79	8	20	27	4	249
2011	858	191	81	111	68	69	20	36	38	6	237
2012	1,005	214	88	142	61	62	121	30	11	11	263
2013	1,163	261	99	168	91	78	135	35	18	11	268
2014	1,283	283	113	128	110	73	160	35	34	10	335
2015	1,254	284	136	49	118	65	141	32	59	17	353
2016	1,188	227	151	48	122	74	124	32	24	23	361
2017	1,298	285	144	69	135	91	100	42	38	33	360
2018	1,327	340	127	95	116	93	68	61	71	30	327
2019	1,296	319	172	123	112	81	63	60	33	33	301

注：全世界向けで年間約20万台輸出される、１台当たり申告価格20万円未満の車は含まれていない

出所：財務省貿易統計を基に筆者作成

古車は、２０１９年に１３０万台も海外へ輸出された（図表６－３）。財務省貿易統計に含まれない、申告価格20万円未満の車両も併せると、実際は約１５０万台が輸出されている。同年の日本国内での中古車登録台数は３８４万台であるから、日本で取引される中古車の実に約3割もの数が海外で取引されているのである。

このことから、日本製中古車の国際市況の変動は、日本国内の中古車市況に大きく影響している。そして、その中古車市況のバロメーターであるオークション取引価格は、下取り価格の設定基準であり、新車の買い替え需要を左右している。

以上のことから、旧英国領で右ハンドル車が主体のシンガポールなどの中古車市

場でブロックチェーンの活用が進み、世界規模で流通する日本車の中古車市況が改善することは、日本の自動車産業にとっては望ましいことである。日本国内も含めて、中古車市場でのブロックチェーン技術の採用動向には、今後も要注目である。

新車市場と同様に、中古車市場でも電動化の流れは加速している。そのため、日本製中古車の輸出先では中古車両のみならず、バッテリーのリユース・リサイクル需要も今後拡大していく。ブロックチェーンを活用して、中古EVのライフサイクルマネジメントを構築していけば、日本の中古車流通ビジネスはさらにグローバル化が進むだけでなく、新たなバッテリーのサーキュラーエコノミー（循環型経済）でビジネスのフロンティアを開拓することもできよう。

加えて、主要輸出先であるアフリカや中東では昨今、暗号資産での決済が増加している。日本の中古車輸出業者のほとんどは中小零細企業であるが、手数料の少ない暗号資産での海外送金が普及することは、輸出業者にとってビジネスがしやすくなるため、ビジネス拡大の追い風となる。

高単価・高年式の中古車市場として、金額ベースの輸出規模が大きいスリランカの動向にも要注目である。同国中央銀行は、銀行業界にブロックチェーンをベースにしたKYCシステムを導入することを模索しており、ブロックチェーンの社会実装に意欲的である[4]。

スリランカでは2015年頃に、日産自動車のEV「リーフ」の高年式中古車が、年間数千台規模で日本と英国から輸入された[5]。結果、数多くの車載用リチウムイオン電池がスリランカで「埋蔵金」として存在している。スマートグリッドが拡大するアジアには、バッテリーと併せた中古車流通市場の高い潜在性があることに注目したい。

これらを踏まえると、日本の中古車が数多く取引される国々が、ブロックチェーンや暗号資産の導入に積極的であることは、日本自動車産業にとって無視できない動きと言える。

走行距離連動型・地域限定型の徴税システムや給付金交付が可能に

自動車流通にブロックチェーンを活用することは、中古車市場の健全化をもたらすだけでなく、新しいモビリティ社会の構築も促すことができる。図表6－1に示すコンソーシアムに、車両登録に関わる公的機関を入れると、時代に即した新しい徴税システムを模索することができる。

新車登録時に発行される自動車検査証（車検証）をウォレットでデジタル管理し、VIDと個人IDに紐づければ、スマートコントラクトを活用した、ペーパーレスでより確実な自動車徴税が可能となるだろう。また、IoTを活用してインフラと車がつながっていれば、暗号資産を使ったM2M取引とマイクロペイメントを活用して、走ったところで走った分だけ、国や自治体が車から道路利用料を徴収することもできる。

走行距離連動型の自動車税や道路利用料の徴収は、CASEやMaaSといった次世代自動車ビジネスが、走行距離当たりの課金ビジネスに置き換わるという新時代に即した徴税システムと言えよう。

また、若者のクルマ離れや駐車料金の高騰で、自動車保有が減少する大都市においては、従量課金型の自動車税制の導入は検討に値する。都市部で利用頻度が少ない居住者にとっては、利用実態に即した徴税となり、自動車を購入しやすくなることから、需要喚起策としても期待できる。とりわけ、ウィズコロナ時代においては、ソーシャルディスタンスが保ちにくい公共交通機関を避けて、自家用車を通勤・通学や週末の行楽で利用したいというニーズに応えられるものである。

加えて、暗号資産としての地域デジタル通貨と連携させた、地域限定型の給付金の交付システムも導入できるだろう。トークンエコノミーの形成により、地域コミュニティが望む、EVの利用や安全運転といったドライバーの運転行為に対し、暗号資産による給付金を交付することが可能である。

このようなトークンエコノミーの構築は、エコカー減税といった自動車減税をコミュニティコインの給付に置き換えることであり、モビリティ利用後の消費を喚起し、地域経済の活性化を促す仕組みづくりにもなる。

3 完全オンライン化 モーターショーから新車の「置き配」まで

ウィズコロナ時代の新しい新車販売のかたち

ブロックチェーン社会での新しい新車マーケティングとは、以下のようなものになると予想される。

モーターショーから新車発表会、そして、消費者のオンラインでのコンフィギュレーション（モデル見積シミュレーション）から購入決定までの新車購入体験は、VRやARを活用したサイバー空間上で実現する。実は、ここまでの体験は現在すでに、技術的に実現可能である。

ブロックチェーンを活用したスマートコントラクトにより、手書きサインやハンコ、書類手続きが不要になれば、購入決断後の売買・リース契約や保険契約、車検証申請・受領をすべてオンラインで済ませることができる。まだいくつかクリアしなければならないハードルはあるが、ウィズコロナ時代のソーシャルディスタンスを前提とした社会では、消費者がディーラーの店員と対面する必要はなく、注文した車の納車の際に、自宅前に「置き配」してもらうことも可能となる。

メーカーが消費者に直接（ディーラーを介さず）、車を販売できるという直販が法律的に許される国や地域であれば、工場直送で新車が納車されることになる。それは、アップルのウェブサイトでiPhoneを購入したり、アマゾンでモノを買うのと同じ感覚で車も買えるということである。

消費者にとっては、情報の非対称性に伴う余計な情報収集を省くことや、ディーラーでのストレスフルな価格交渉を回避することができる。ディーラーとしては、地域コミュニティや地元民に対して、その土地に相応しいモビリティ体験を提供することに専念できる。日本であれば、販売店のチャネル統合や全車種併売を実施したとしても、ディーラーは各々が持つ地域データの強みを活かしながら、街の「モビリティコンシェルジュ」として、ビジネスの差別化を追求することができるのである。

モーターショーも新車発表会もサイバー空間で

新型コロナウィルスの感染拡大により、歴史ある自動車の祭典である、ジュネーヴ・モーターショー（当初開催予定は2020年3月）、ニューヨーク・モーターショー（同4月）、デトロイト・モーターショー（同6月）、ハノーヴァー・モーターショー（同9月）の開催が中止となった。

ジュネーヴ・モーターショーの中止を受けて、出展予定だった主要自動車メーカーはプレゼンテーションの場を、バーチャル・プレス・デイ（Virtual Press Day）と名付けられた配信サービスに切り替えた。SNSやユーチューブなども活かして、コンセプトカーや新車の発表をアピールすることができた。期せずして、オンラインでモーターショーと新車発表会が実現できたのである。

フォルクスワーゲン（VW）はVRを活用して、史上初めてデジタルの世界でモーターショーと新車発表を行った。ジュネーヴ・モーターショーのために予定していたすべての車、そしてブース全体を、「360度体験」するためにデジタル処理し、まるでモーターショーに来場したかのような3次元体験を提供した。ユーザーは、ブースのガイド付きツアーに参加でき、個別にブースを見て回ることも可能だった。ウェブサイトに統合された追加機能をクリックすることで、サイトの訪問者は、展示車両のボディカラーやホイールを変更したりして、インタラクティブにプレゼンテーションを楽しむことができた。

プレスリリースにて、同社CMO（最高マーケティング責任者）のヨヘン・セングピール氏（Jochen Sengpiehl）はこう述べた。

「VW初のデジタルブースは、これから革新的なオンライン体験を生み出していく、新しい持続的コンセプトの始まりにすぎない。デジタル化戦略の一環として、VRが提供する可能性を追求していく。今後、VRは体験型マーケティング、VWブランドの外部に対するプレゼンテーション、そして顧客やファンとのインタラクションの一環になる[6]」

XRを活用したゼロライトの新しい新車購入体験が拡がる

ジュネーヴ・モーターショーで、市販モデルとして発表されたVWの新型EV「ID．3」は、オンライン上でVRを活用したコンフィギュレーションが可能である（図表6－4左図）。同ソリューションを開発した、英ゼロライト（ZeroLight）は、VRとARを活用した革新的な新車購入体験を提供するゲームチェンジャーとして、2014年に英ニューカッスルで創業した。最先端の3Dグラフィックスの製作技術を武器に、オンラインでの車の3Dコンフィギュレーターや AR体験ツール（図表6－4右図）など、デジタルツインの

図表6-4　ゼロライトが開発したVR（左図）とAR（右図）のアプリケーション

出所：ZeroLight

作成ツールを開発する同社は、独アウディ、BMW、ポルシェや米キャディラック、そしてフォルクスワーゲンと着実に顧客ポートフォリオを拡大させている。

ソーシャルディスタンスでデジタルツインの需要は一層高まる

そして、2020年6月にゼロライトは、自動車メーカー向けに開発した、クラウドベースの新しい3Dビジュアルプラットフォーム「リコネクト（Re:Connect、再接続）」を発表した。新型コロナウイルスの感染拡大によって途切れてしまった、様々なイベントや顧客との接点を再び結びつける意味で名付けられたこのプラットフォームは、「Reveal（初公開）」「Concierge（コンシェルジュ）」「Display（展示）」の3つのソリューションで構成されている。

「Reveal」では、自動車メーカーはサイバー空間上で新車発表会やモーターショーを開催することができる。ネット参加者は、前述のようなデジタルイベントの3次元体験ができるだけでなく、新モデルに自分好みのカラー、グレードやオプションを設定すると、そのコンフィギュレーションをベースにした車の静止画や動画をダウンロードすることができる。結果、これまでは印刷されていたイベントや新モデルのプレスキットが、参加者の好みに合わせたデザインでデジタル配布される。

「Concierge」では、ディーラーと顧客との間の1対1の車種選別を、リアルタイムでオンライン化したものである。遠隔でインターネット上の3次元コンフィギュレーションを使って両者は商談を行い、次回商談までの参考材料として、商談終了直後に、個別設定したモデルのパンフレットをPDFで受け取ることもできる。これにより、印刷したパンフレットは不要となる。

英国では、現地紙デイリー・テレグラフの2014年の調査で、新車購入者のディーラー店舗への平均訪問回数は、過去10年間で7回から1・5回に減少したとのことである[7]。また現在、新車購入者は、検討時間の60％以上をインターネット上で費やしている[8]。「Concierge」のような、オンラインでの自動車購入体験への需要は、今後も拡大するだろう。

「Display」では、ディーラーと在庫車両を「リコネクト」する。在庫車両のVINや登録番号をシステムに入力し、数回のクリック作業をするだけで、在庫車両のデジタルツインが瞬時に作成され、ウェブサイト掲載や広告宣伝にそのデジタルツインを活用することができる。

このように、モーターショーから購入決断までの新車購入体験は、オンラインで実現することが可能である。これは、ウィズコロナ時代のソーシャルディスタンスを前提に開発されたものではなく、パンデミック以前からの、消費者のニーズに応えるソリューションとして開発されてきたものである。

米アクセンチュアが2015年に全世界の1万人の消費者を対象に行った調査によると[9]、全体の3分の2の回答者が車のオンライン購入をすでに経験したか、将来検討したいと答えた。この調査から5年が経つが、当時と比べてデジタルネイティヴのZ世代の人口比率は高まっていることと、デジタル化のさらなる進展により、オンラインでの新車購入体験のニーズは着実に高まっていると推察される。そして、今回のパンデミックは、そのトレンドを加速させるものとなろう。

VISAとドキュサインが示した自動車リースのスマートコントラクト

自動車購入の完全オンライン化に必要な最後のピースは、ディーラーとのコンタクトが不要な契約手続きと納車時の鍵の受け渡しであるが、ブロックチェーンを活用したスマートコントラクトはこの実現をサポートしよう。

まず、対面が不要な契約手続きのイメージは、2015年に電子署名サービスの米ドキュサイン（DocuSign）と米ビザ（VISA）が発表した、ブロックチェーンで自動車リース契約のプロセスを効率化するという概念実証がわかりやすい。車のリースは、リース契約だけでなく保険契約や決済などで多くの書類が必要な業務だったが、ドキュサインとビザによるこの概念実証では、ブロックチェーンを活用することで、契約や決済カードの登録がペーパーレスで完了することが示された。

スマートコントラクトの流れはこういうものである。まず、契約する車のVIDがブロックチェーンに登録されており、車はデジタル資産として利用可能な状況になっている。その車の運転席に座った顧客は、ダッシュボードの画面で車内アプリを操作していく。想定される年間走行距離のレンジに基づき、リースプランを選択する。リースプランに電子署名して契約し、ブロックチェーンに登録する。

次に複数の保険会社のオファーの中から、希望する自動車保険を選択する。自動車保険に電子署名して契約し、保険契約をブロックチェーンに記録する。最後に、リース料と保険料の決済に用いるクレジットカードを登録し、契約は完了する。

この概念実証はビットコインをベースにしていたが、スケーラビリティ問題（1つのブロックの中に書き込めるトランザクションの数が限られていることが引き起こす障害問題）により、処理速度が低下したため実現化しなかった。しかし今後は、技術改善によりスケーラビリティ問題が解消されれば、このようなスマートコントラクトは実現されるだろう。また、リース契約だけでなく購入契約にも適用できよう。また、スマートコントラクトはスマホアプリでも実行可能である。

日本はハンコと紙文化を脱却できるか

なお日本では、自動車の購入契約時には、紙の契約書に押印する必要があるが、契約のオンライン化を実現するためには、印鑑をデジタル署名に置き換えなければならない。デジタル署名は公開鍵暗号方式を基にできた仕組みであり、自分が持つ秘密鍵で公開鍵と合わせて署名検証ができる。そして、デジタル署名は個人のデジタルＩＤと紐づいていると、本人性の担保が可能になる。

これは、実印と印鑑登録証明書で、契約書に押印する人が契約者本人であると証明するプロセスをオンライン化することである。デジタルＩＤはエストニア等で導入されている。日本でもパンデミックを機に、エストニアのような行政サービスのオンライン化を実現するデジタルＩＤが行きわたり、テレワーク推進を目的とした「ハンコ文化」が是正されることで、デジタル署名の普及が進むかどうか。これが、契約の完全オンライン化の実現を左右しよう。

物理キーはスマホの中のデジタルキーに置き換わる

将来、工場からディーラーに届けられた新車を納車する際、オーナーは車を「置き配」指定することも可能となる。物理キーの受け渡しなしで納車してもらう必要があるが、ブロックチェーンを活用したデジタルキー技術がそれを実現する。

スマホでの開錠・施錠やエンジン・モーターの始動、権限移転が可能なデジタルキーは、カーシェアリングへの応用ですでに社会実装されている。オーストラリアのブロックチェーン開発企業シェアリング（ShareRing）で会長兼共同創設者を務めるティム・ボス氏（Tim Bos）は、２０１３年にブロックチェーン技術を活用したカーシェアリングプラットフォームのキーズ（Keaz）を開発した。

キーズに登録したユーザーは、街中に駐車されているディーラーやレンタカー会社が保有する車を、その車に貼られたＱＲコードをスキャンしただけで開錠し、利用することができる。

ユーザーはわざわざディーラーやレンタカー会社に出向き、本人確認で身分証明書を提示してから、鍵を受け取る必要はない。ブロックチェーンを活用し、スマホを使った開錠・施錠とエンジンの始動が可能なデジタルキーは、ＣＡＮｂｕｓ（キャンバス）や車載故障診断装置（ＯＢＤ－Ⅱ）といった車載機器と通信するものであり、物理キーを廃止することができる。

ユーザーは車に乗る前に、自宅や移動先でカーシェアリングの予約管理システムにアクセスし、新規予約や予約内容の変更・削除を行う。ユーザーにとってのメリットは、シームレスな（継ぎ目のない）シェアリングサービスを享受できるところにある。

ディーラーやレンタカー会社がこのシェアリングプラットフォームを導入すると、保有車両の稼働率が向上し、投資回収率を引き上げることができる。また、このシステムは新車だけでなく中古車にも導入できるため、ディーラーは下取り車両をシェアリングサービスで稼働させることで、店舗での車両保管スペースを抑えることもできる。

ホワイトレーベルであるキーズ・プラットフォームには、２０２０年３月時点で約４０

00台の車両が登録されており、豪州トヨタ（Toyota Motor Corporation Australia）を最大顧客とし、その他、オーストラリアでの仏レンタカー会社ヨーロッパカー（Europcar）、米国のBMWディーラー、EVシェアリングの米エンボイ（Envoy）などに加えて、複数の米国の地方自治体が同プラットフォームを導入している。

なお、2020年3月、ライドシェアのプラットフォーマーである独ヴンダー・モビリティ（Wunder Mobility）がキーズのIP（知的財産）を買収したが、キーズのオペレーションはヴンダー・レント（Wunder Rent）と名前を変えて、そのまま継続している。

以上のように、ブロックチェーンを活用したデジタルキーが新車組み付けされると、納車を安全な「置き配」指定で実現することは技術的に可能となる。

アマゾンが自動車会社になる日

アマゾンは今日も数多くの自宅に商品を「置き配」しているが、いずれ車も「置き配」するという可能性はあながち否定できない。そして、その車がアマゾンブランドになっていることも考えられる。

アマゾンが車の販売に本腰を入れようとしていることは、2020年1月に米ラスベガスで開催されたCESで明らかになっている。現在、アマゾンは米国では「Amazon

Vehicles」というウェブサイトで車を販売しているが、これまでは、オプション設定などのコンフィギュレーションは各自動車会社のウェブサイトで行うという仕組みであった。CESで発表した新しいソリューションでは、アマゾンのサイト内でコンフィギュレーションを行うものである。これは、前述のゼロライトのARやVR技術をアマゾンのサイトに融合させたことで実現している。

なお、アマゾン自身もARの開発には積極的である。2018年にアマゾンは、アフターパーツを実際に車に取り付けたかのような画像を事前に確認できる、AR技術の特許を取得している。2017年に米大手サプライヤー数社と販売契約を結んでおり、自動車アフターパーツ市場への参入を狙っていると思われる。

ディーラーを介さずにメーカーが消費者に新車を届ける、いわゆる直販が法律的に認められている地域では、ブロックチェーンを活用したスマートコントラクトやデジタルキーを採り入れることで、アマゾンのサイトで車を購入し、メーカー直送の新車納入を「置き配」指定で注文することは可能となろう。

では、アマゾンは自動車メーカーになり得るか。答えはイエスである。アマゾンは2019年2月に、新興EVメーカーのリビアン（Rivian Automotive）に7億ドル（当時のレートで約775億円）出資した。その後、リビアンはアマゾンのために10万台のEVバンを製造し、2021年に納入するという契約を結んでいる。

アマゾンはこの特注のEVをリビアンと共同開発しており、アマゾンが投資する会社の自動運転技術も搭載するとのことである。2020年6月26日（米国現地時間）、アマゾンは自動運転技術開発を手掛ける新興企業ズークス（Zoox）を買収すると発表した[10]。

これらの動きから、アマゾンが、自動車の製造から販売、物流、アフターサービスといった、バリューチェーンの上流から下流までカバーするような「総合モビリティサービス企業」になる日はそう遠くはないのかもしれない。

第7章

「コモンズの悲劇」を解決するデータマーケットプレイス

1 人間中心のインセンティブデザインで公害を減らす

自動車の社会的費用の内部化と社会的便益を実現

自動車に関わるすべてのステークホルダーにとって、自動車をめぐる根本的な課題は「社会的費用（Social Cost）」を最小化することであり、また、「コモンズの悲劇（The Tragedy of Commons）」を解決することである。この難題を解決するソリューションとして、ブロックチェーン技術の活用が注目されている。

故・宇沢弘文・東京大学名誉教授は、1974年に著した『自動車の社会的費用』にて、社会的費用の概念をこう説明している。

「ある経済活動が、第三者あるいは社会全体に対して、直接的あるいは間接的に影響を及ぼし、さまざまなかたちでの被害を与えるとき、外部不経済（External diseconomies）が発生しているという。自動車通行にかぎらず、一般に公害、環境破壊の現象を経済的にとらえるとき、この外部不経済という概念によって整理される。このような外部不経済をともなう現象について、第三者あるいは社会全体に及ぼす悪影響のうち、発生者が負担していない部分をなんらかの方法で計測して、集計した額を社会的費用と呼んでいる[1]」

自動車を利用することによって、道路などの社会インフラや自然環境といった社会が共有する資本（社会共通資本）がどれだけ汚染・破壊されているかということに着目し、自動車が社会に与えている悪影響のことを「自動車の社会的費用」としている。より具体的には、①道路を建設・整備し、交通安全のための設備を用意し、サービスを提供するために必要な費用、②自動車事故によって起きる生命・健康の損傷、③自動車交通に伴って発生する公害現象の結果生ずる都市環境の破壊、④観光道路における自然環境の破壊、⑤渋滞による自動車通行者の経済的損失――が挙げられる。

そして、このような社会的費用が発生するメカニズムを「コモンズの悲劇」と言い、いかにして社会的費用を最小化し、「コモンズの悲劇」を解決するかというのが、地球環境問題から公害といった、自動車社会における最大のテーマである。

なお、社会的費用や社会共通資本、次項で詳述するコモンズの悲劇といった経済学的テーマは、地球環境問題が世界規模で議論され始め、米国でいわゆる「マスキー法（Muskie Act）」といった大気汚染防止のための法律が制定された、1960年代後半から議論されているものである。社会的費用を削減するために自動車メーカーが内燃機関（エンジン）や電動化の技術革新に邁進し、政策決定者がコモンズの悲劇を解決するための政策策定に腐心するということは、今でも世界中で見られることだ。

インターネット社会の拡がりとブロックチェーンの誕生により、これらの課題を解消する画期的なソリューションが生まれつつある。具体的なユースケースは後述するが、ブロックチェーンをベースとしたM2Mのスマートコントラクトを活用すると、前述の「外部不経済をともなう現象について、第三者あるいは社会全体に及ぼす悪影響のうち、発生者が負担していない部分」をシステムの管理者に直接かつ即時に暗号資産で支払うことで、自動車の社会的費用を内部化することができる。また、外部不経済の是正に役立つようなデータを車がコミュニティに売ることで、自動車の社会的便益（Social Benefit）を生むこともできる。

コネクテッドカーのデータマーケットプレイスを創造することで、公害を削減するというのが、ブロックチェーンを活用するポイントである。

ここからはコモンズの悲劇とは何かを解説するが、共有資源をどう管理するかという「コモンズ論」の変遷から、インターネット社会における互酬的な信頼関係をベースとしたシステムの登場に触れた上で、なぜ自動車社会の課題解決にブロックチェーンが有効的かということを説明していく。

コモンズの悲劇と公害

近代以前の英国では、牧草地などの資源を共同で管理する共有地のことを「コモンズ（Commons）」と呼んでいた。1968年、微生物学者のギャレット・ハーディン（Garrett Hardin）は、「コモンズの悲劇」と名付けた論文を科学誌サイエンス（Science）で発表した。ハーディンが描写したコモンズの悲劇とは、こういうストーリーである。誰もが利用可能なオープンアクセスの牧草地で、複数の農民が牛を放牧している。農民は自分の利益の最大化を求めて、より多くの牛を放牧する。牧草地が自分の土地であれば、牛が牧草を食べつくさないように、放牧する牛の数を調整する。しかし共有地では、自身が牛を増やさないと、他の農民に牛を増やす余地を与えてしまい、自身の取り分は減ってしまう。

したがって、農民はできるだけ多くの牛を増やそうと努める。結果、農民たちがフリーライダー（タダ乗りする者：Free Rider）として、共有地を自由に利用してしまうことで、有限資源である牧草地は荒れ果て、すべての農民が被害を被ることになった。

高度成長期の公害や資源伐採といった環境問題が世界規模で深刻化する中、コモンズの悲劇はその後、多数の人々が利用できる、公共財（Public Goods）や有限の共有資源が乱用・乱獲されて、社会に悪影響を及ぼすという経済原則として議論されるようになった。そして、渋滞や大気汚染といった公害が外部不経済の代表例となっている。

大都市に続く幹線道路では、コモンズの悲劇として、このように交通渋滞が発生する。なお、ここでいうコモンズ（共有資源）は道路である。ドライバーたちは合理的な理由から、最短距離の道順を選ぶ。道路が空いているうちは、車が1台増えても速度が落ちることはない。しかし、ある時点から車が増えるごとに全体の速度が落ち、渋滞が発生する。ドライバーたちが運転時間を極力短縮しようとすることで、結局のところ、すべてのドライバーの移動時間が長くなるという結果に陥ってしまう。合理的と思える行動が、自分を含むドライバー全員の集合的な利益に反する結果を生むのである。

コモンズの悲劇の回避策は、利害関係者に私的所有権（Private Property）を与えて資源を私有化させるか、政府が中央集権的に管理して、資源利用者から利用料を徴収することで需給をコントロールする、とされてきた。すなわち、公共財や共有資源に付きまとう外部不経済の問題は、市場原理を入れるか、政府介入することで対処する、というのが「コモンズ論」の伝統的主張であった。

オストロム教授による「人間中心のコモンズ管理」

２００９年にノーベル経済学賞を共同受賞した政治学者のエリノア・オストロム教授（Prof. Elinor Ostrom）は、１９９０年の著書『コモンズの管理（Governing the Commons）』にて、このコモンズ論に異議を唱えた。オストロム教授は、コモンズを私的所有地として分割したり、国家官吏に集権的に管理させたりするよりも、資源を日常的に利用するコミュニティ組織が自治的にルールを定めて資源管理する方が、持続的なガバナンスがなされるということを、ゲーム理論を用いて理論的に解明した。

このようなコモンズのセルフガバナンス（自己管理）が確立している事例として、オストロム教授は、１５１７年から続くスイスのとある村の酪農家コミュニティの規則を取り上げた。その規則は、「住民の誰もが、冬季に育成できる牛の頭数以上に、アルプス山脈に牛を放牧することを固く禁じる」というものだった。

アルプスの共有牧草地が５００年にもわたって荒廃しないのは、このようなコミュニティルールを守り、自分たちの行動がコミュニティに影響を与えることを認識しているため、共有資源のサステイナビリティ（持続可能性）を維持するように放牧をコントロールし、生活を続けてきたからである。

コミュニティが共有財をサステイナブルに管理しているその他の例は、スペインの灌漑用運河、日本の森林などでも見られ、共有財をめぐる争いで最良の解決をもたらすのは、市場の力ではなく、人間集団・コミュニティであるとオストロム教授は結論付けた。個人は公共の善のために協調ができるのである。

インターネット社会におけるネットワーク効果と互酬の精神

コモンズ論は、貨幣経済の構築や公的財政の提供による財やサービスの取引といった貨幣的なものよりも、非貨幣的で互酬的な信頼関係をベースとしたシステムの構築により資源を適切に管理する、ということに本質を求めるようになった。これは時代の変化によるものであって、特にデジタル社会の発展により、インターネットを媒介とする、個人間での資源のシェアリング（共有）について、現代版のコモンズ論の追求が盛んになっていることが背景にある。レイチェル・ボッツマン（Rachel Botsman）がこの現代版コモンズ論者の筆頭と言えるが、ルー・ロジャース（Roo Rogers）との著書『私のものはあなたのもの（What's Mine is Yours）』にて、シェアリングエコノミーとコモンズについて、以下のように詳説している。

インターネットを通じての資源（データ）の提供について、「いいね（Like）」といった社会的承認（Social Proofing）や点数によるお互いの貢献度の評価が、資源の共有においては信頼の証しになっている。なぜなら、インターネット社会での資源の共有は、共通の関心を持つ人々が価値を生み出し、コミュニティをつくるための新しいパラダイムであって、シェアする人は他の参加者に価値を提供しているからだ。このような参加者が増えれば増えるほど、コミュニティは全員にとってより良いシステムになる。これをネットワーク効果（Network Effect）と言う。

ネットワーク効果が発現するコミュニティにおいて、自分が持つデータをコミュニティに提供し、参加者全員で共有することがシステム全体を良くするのであれば、そのデータ提供はコミュニティへの好意として他の参加者から報われるという、互酬性（Reciprocity）の原則が成立し得る。

なお、ソーシャルネットワークでは、このような助け合いが間接的に行われる、いわゆる「間接的互酬性（Indirect Reciprocity）」の文化があり、それは「私があなたを助ければ、誰かが私を助けてくれる（I'll help you, Someone else helps me）」というものである。この間接的互酬性は「贈与経済（Gift Economy）」とも呼ばれるが、今すぐに、あるいは先になって見返りがあるというはっきりとした取り決めがなくても、モノやサービスを与えるというものである。

こうしたシステムでは、新しい形の信頼や互酬こそが必要とされ、そうした行動原理によってシェアやコラボレーション、名誉、社会性、そして忠誠心が強化されていく。

シェアリングエコノミーとコモンズ、ブロックチェーンとの交点

このような世界において、シェアリングのプラットフォームができると、参加者はコモンズの共同管理者として、コミュニティの他の参加者と利他的な互酬関係を築くことになる。したがって、インターネット上で資源を共有することで、現代版のサステイナブルなコモンズをつくることが可能となったのである。

このような価値観で、21世紀に入ってから「シェアリングエコノミー」という言葉が広まり、フェイスブックやウーバー、Ａｉｒｂｎｂといったプラットフォーマーが誕生し、台頭したのである。

人々が協力して、特定のプロジェクトやニーズに取り組めるような適切なツールがあり、決められたルールに則って、お互いを監視し合う権利を上手に管理できれば、「コモナー（共有者）」は共有資源を自己管理できるようになる。シェアリングのプラットフォーマーが提供する「マーケットプレイス（売り手と買い手が自由に参加できるインターネット上の取引市場）」では、命令と支配によるトップダウンのメカニズムは使われず、それに伴う

何段階もの許可や意思決定や仲介者も必要なくなる。

このような場では、P2Pのプラットフォームによって分散化したフラットなコミュニティがつくられ、他者との信頼と互恵関係が構築される。

ブロックチェーンは、このようなシェアリングエコノミーと現代版コモンズに交点を見出すことができる。すなわち、互酬的な信頼関係と人間中心デザインによるコミュニティ形成は、ブロックチェーン社会のエッセンスそのものである。ブロックチェーンの世界では、信頼の価値を表す暗号資産が存在し、コミュニティに利する行為へのトークン(ご褒美)をその暗号資産を使って可視化するものである。そして、価値(信頼)のネットワーク化により、コモンズの悲劇を回避することができるのである。

なお、既存のシェアリングエコノミーとブロックチェーンを活用したトークンエコノミーの違いは、後者では、スマートコントラクトにより、データ提供への見返りがより確実かつ直接的なものになるということである。

人間中心デザインのモビリティプロジェクト「ベッラ・モッサ」

ここまで抽象的な話が多かったが、では具体的に、モビリティにおける互酬的な信頼関係と人間中心のデザインとはどのような姿かを、イタリアのボローニャで成功した実証実験で説明する。

２０１７年4月から9月までの半年間、ボローニャで「ベッラ・モッサ（Bella Mossa）」というモビリティプロジェクトの実証実験が行われた。なお、ベッラ・モッサは英語なら「グッド・ジョブ（よくやった！）」という意味である。

欧州委員会（ＥＣ）によるイノベーション促進プロジェクト「ホライゾン２０２０（Horizon 2020）」の助成金をベースに、地元自治体のボローニャ県と公共交通機関のＳＲＭが主体となって実行した当プロジェクトでは、低炭素でサステイナブルなモビリティ（移動）を実践した参加者に、報酬としてポイントを付与するスマホアプリが開発された。このアプリは英国のアプリ開発会社ベターポインツ（BetterPoints）が開発し、行動変容管理システム（Behaviour Change Management System）という、ゲーミフィケーション（Gamification）を採り入れた報酬ポイントやゴール設定が、参加者の行動を刺激する内容となっている。

なお、ゲーミフィケーションとは、ゲームの要素を他の領域のサービスに適用することで、利用者の動機づけを高めるマーケティング手法のことである。

このアプリはこのように使われる。参加者はアプリで目的地を設定する。そうすると、現在の場所から目的地までの移動ルートが推奨される。徒歩や、自転車、トラム、バス、鉄

図表7-1　ボローニャで成功したサステイナブルモビリティ「ベッラ・モッサ」

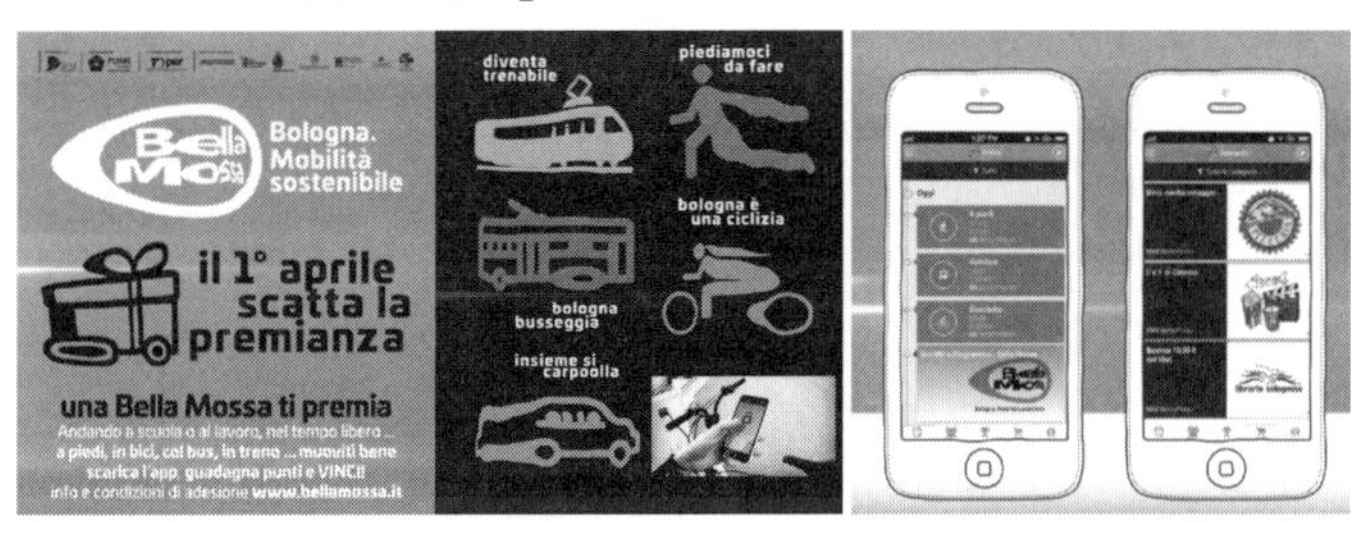

出所：Città metropolitana di Bologna（ボローニャ県）ホームページ

道の利用、相乗り型ライドシェアの活用といった、自家用車利用の代替として、二酸化炭素の排出が少ないモーダル（様式）で移動すると、報酬としてポイントが与えられる。

そして、そのポイントをたくさん集めると、そのポイントを街中のパブやジェラート屋でビールやアイスに交換できたり、映画館でタダで映画を鑑賞することができる。学校や企業単位でのポイント獲得競争も実施し、生徒が頑張って高得点を叩き出した学校は文房具や遊具を賞品として獲得し、上位にランクインした企業の従業員にはエキストラでポイントが与えられた（図表7−1）。

このアプリを導入した結果はこうなった。半年の実証実験の間に、1万5000人の参加者のうち73%が自家用車の利用を減らした。自家用車の運転を諦め、サステイナブルな方法で移動した回数は延べ90万回、距離にして370万キロに及び、728トンの二酸化炭素の排出が削減された。ポイントが利用された地元の商店では、ビジネスが活発になった[2]。

ボローニャの人口100人当たりの自動車保有台数は60台と高水準である。街中の渋滞を解消し、低炭素モビリティの公共交通利用を増やすため、ボローニャでは冬の時期に、低年式車や排気ガスの多い車の日中の利用を禁止していた。多くの住民が不平不満を唱えた。

ベッラ・モッサのプロジェクトマネージャーであるマルコ・アマドーリ氏（Marco Amadori）は、「ベッラ・モッサでネガティブなアプローチをポジティブに変え、〝町にとって良い行いをしたあなたはご褒美をもらえます〟というインセンティブ（動機付け）デザインにした」と言う[3]。このアプローチは、多くの住民から高い評価を得た。

地域コミュニティに互酬的関係を生むような、トークンをベースとした行動変容を促すスマホアプリを入れただけで、サステイナブルモビリティの利用が促進されたのである。そして、地域経済の活性化にも貢献した。交通インフラに多額の投資をすることなく、人間中心デザインのアプリケーションを導入しただけで、地域のサステイナビリティを改善することは可能である、ということを実証した。

2　走りながら稼ぐ車――モビリティのデータマーケットプレイスの創造

社会的便益を生む車に報酬を与える仕組み

ここからは、ブロックチェーンを活用して、モビリティのデータマーケットプレイスを創造するユースケースを紹介したい。

なお前節で、ブロックチェーンを活用することで、車は社会的費用を内部化することができると述べた。これは具体的には、M2Mでのスマートコントラクトを活用して、車が「走ったところで走った分だけ」の道路利用料を払うというものである。

本節で紹介するユースケースは、渋滞や交通事故などの公害発生に伴う社会的費用の削減につながる、コミュニティにとって有益なデータを、車が自律的にコミュニティまたはその管理者に売却するというものである。社会共通資本であるインフラにとってメリットとなる、社会的便益を可視化し、便益をもたらす車に報酬を与えるという仕組みである。

IOTA財団とジャガー・ランドローバーの「走りながら稼ぐ車」

2019年にアイルランドにて、IOTA財団は英ジャガー・ランドローバー（JLR）と共同で、ブロックチェーンを活用したデータマーケットプレイスの実証実験を行った。

実証実験で使われたJLRのEV「I-Pace（アイ・ペース）」には、IOTAが開発した「スマートウォレット」と言われるウォレットが装備された。この車両は走行する道路の舗装状況や、周辺の天候、交通量などに関するデータを、道路交通インフラを管轄する自治体や管理業者に提供する。

例えば、この車両のセンサーが、いずれ事故や渋滞につながるような舗装路面のくぼみや穴といった異常を検知する。その情報はすぐに、道路の管理事業者のクラウドにアップロードされる。データ提供への報酬として、ウォレットにトークン（暗号資産）が事業者から与えられる。ウォレットに貯まったトークンは、高速道路の通行料やパーキング、充電ステーションでの支払いで利用することができるという仕組みだ（図表7－2）。

コネクテッドカーは、走りながら様々なデータをセンサーで集めている。それらのデータのうち、道路などの社会インフラを維持・改善する事業者が欲しいデータを、車がスマートコントラクトを活用して、自律的に売却するというものである。

図表7-2　走りながら稼ぐ車

出所：Jaguar Land Rover

このようなデータマーケットプレイスを創造することによる、各ステークホルダーのメリットはこのようになる。自動車メーカーは、自社が生産した車が「走りながら稼ぐ」ようになれば、その車の価値を上げることができる。道路インフラの管理事業者は、車から得たデータを活用して、渋滞や事故の発生を防ぐように他のドライバーに注意喚起情報を提供する。それによって、社会的費用を削減することができる。また、公害発生後の原状復帰のため自らが負担するコストも削減できる。

独コンチネンタルによる「つながる駐車」

路上の駐車空きスペースのデータを、マーケットプレイスで取引するというユースケースもある。

独自動車部品大手のコンチネンタルは、ブロックチェーンを活用した駐車スペースの情報共有プラットフォームを多国籍ハイテク企業の米ヒューレット・パッカード・エンタープライズ（ＨＰＥ）と共同開発し、２０１９年８月に開催されたＩＡＡフランクフルト・モーターショーで披露した。オープンソースネットワークを提供するクロスバー（Crossbar.io）の技術をベースに、コンチネンタルとＨＰＥはこのブロックチェーンプラットフォームを、「データ・マネタイゼーション・プラットフォーム（Data Monetization Platform：ＤＭＰ）」と呼んでいる。

「つながる駐車（Connected Parking）」と題したこのユースケースで、「乗れば稼げる（Earn As You Ride）」と名付けられたスマホアプリは、走行車両のセンサーから収集した情報の共有を同意したドライバーが利用できるようになっている。同意したドライバーは、走行中の車が検知する駐車場の空き情報をコンチネンタルに提供することによって、トークンを手に入れることができる仕組みとなっている。そして、ドライバーはこのトークンを駐車サービスへの支払いに利用することができる。

センサーによって収集された情報は、コンチネンタルとリアルタイムで共有されるようになっており、コンチネンタルはこれらの情報を駐車スペースの運営業者など第三者と共有することによって、駐車をめぐる問題を解決する包括的なソリューションを強化しようとしている。

例えば、駐車場の空き情報を自治体などの駐車スペースの管理者が活用することで、管轄する地域の交通負荷を最適化することが可能になる。すなわち、交通量が少ないエリアで駐車を促すために、トークンで支払う駐車料金を下げたり、逆に、交通量が多いエリアでは高く設定することで、コミュニティ全体の交通量の負荷をエリア間で平準化し、交通フローを調整する。結果として、渋滞の解消につなげることができるのである。

ブロックチェーンの活用で協調型自動運転を追求する

ブロックチェーンを活用して、自動運転開発を効率化させるというユースケースもある。自動運転の能力を大きく左右する地図情報を自動車メーカー各社が協調して作成することや、道路上の様々な車やドローンがリアルタイムで協調しながら、完全自動運転車と同等の安全な走行を実現するというものである。このような「協調型自動運転（Coordinated Autonomy）」は、自動運転開発のための莫大な費用を抑制し、走行中の自動車から発生する、渋滞や事故に伴う社会的費用の削減につながるものである（図表7－3）。コネクテッドカーが走行中に収集するデータの信頼性を高め、車車間でデータの売買ができるマーケットプレイスを創造するために、ブロックチェーンが必要となる。

図表7-3　協調型自動運転の追求

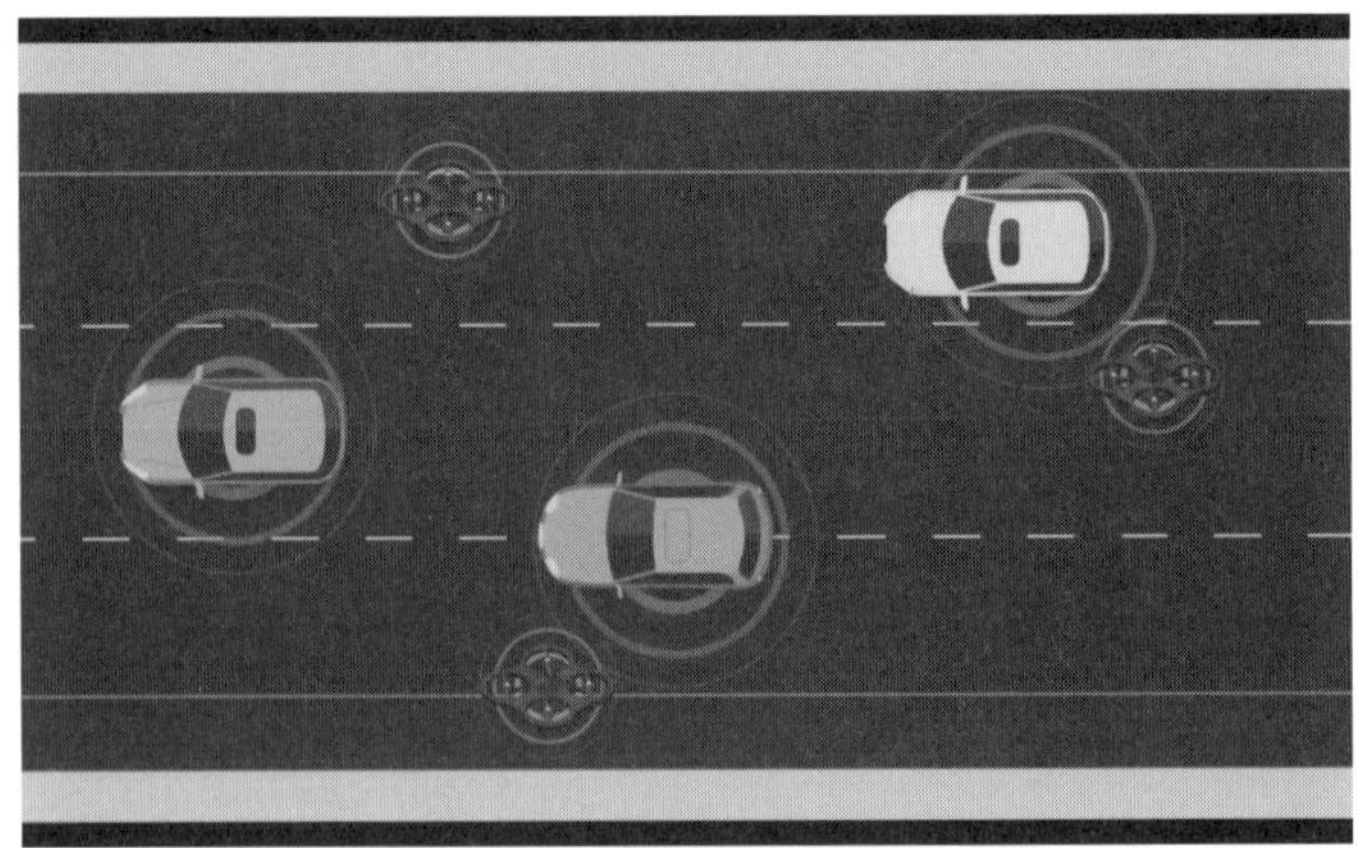

出所：MOBI

自動運転用地図生成へのブロックチェーン活用

現在、自動車メーカーが開発を進めている自動運転システムでは、いわゆる高精度地図情報（High Definition Map：HD－MAP）がベースとなって、各種センサーが得た情報を高精度地図情報に照らし合わせることで、車は自動走行している。言わば、地図というレールの上に車を走らせているようなものである。

しかし今後、一般道における自動運転の実現に際しては、現在の高速道路や自動車専用道路で整備されている高精度地図を、一般道にまで拡げることで膨大なコストがかかってしまうのが実情である。加えて、地図は作ったそばから古くなるという問題もある。地図はダイナミック（動的）に維持・更新される必要があるが、いわゆるライダー（光学式レーダー：LiDAR）と呼ばれる高額なセンサーを搭載した、特殊な車両を用いて更新するということでも、大きなコストがかかる。

しかし、今後は車載センサーやGPS（日本では全球測位衛星システム：GNSS）が高度化し、車載AIの機能も強化されることで、予測機能を高めるのに役立つデータコンテンツの拡充が進む見込みである。そうなると、地図が高精度でなくても、車はリアルタイムで得た周辺情報を活用することで、自動運転を実現することができる。このような前提で、既存のカーナビの地図情報（Standard Map：SD－MAP）を基に、新しい発想だが低コストの地図生成法が生まれてくるのである。

GMは2020年4月2日、自動運転用の「非中央集権型分散型マップ（Decentralized Distributed Map）」に関する特許を申請した。このシステムは、多くの車に搭載されたセンサーで情報を一気に収集し、その他のデータと比較しながら、ブロックチェーン上でマップを更新する仕組みである。これにより、従来よりもはるかに速いスピードでデータを収集し、より最新の状況を反映した、信頼性の高いマップを構築することができる。

さらに具体的に説明すると、マップ生成プロセスを多くの車両に任せるという発想であるこのソリューションは、車が走行しながらセンサーを介して周囲のデータを収集する。リアルタイムデータは、既存のカーナビ地図情報と比較・分析される。既存のマップとの差異は、すべてのマップデータを保存するブロックチェーンネットワークに送信される。マップ更新の候補となるトランザクションは、他の車両が同様の変更を報告した場合に検証される。

このようなシステムは、将来的には、データをブロックチェーンネットワークに送信する際や、ドローンを含む車車間でのデータ取引においてマーケットプレイスを創造する、といったインセンティブ設計が加えられると考えられる。そうすれば、複数の自動車メーカーの車が協調し、分散化されたマップ生成プロセスのもと、コスト効率の高い高精度地図を広範囲で作成することができるだろう。

3 新しい「移動経済」の創造――スマートシティと循環型経済の実現を追求

本書ではここまで、モビリティにブロックチェーンを活用した数々のユースケースを紹介してきた。その中で、社会実装を目指し、実証実験を重ねる企業・組織の多くがＭＯＢＩに集まっている。本章の最後は、国際コンソーシアムであるＭＯＢＩのメンバー組織が、ボーダーレスなコラボレーションの中で、世界的潮流となったスマートシティの構築とサーキュラーエコノミー（循環型経済）の実現を追求している、ということを説明する。

ＭＯＢＩのビジョン――交通インフラ財政に革命をもたらす

ＭＯＢＩはこれからのモビリティ社会で、「新しい移動経済（New Economy of Movement）を創造する」というビジョンを持っている。ここで、２０１９年11月からユーチューブで動画配信している、このＭＯＢＩのビジョンを紹介したい[4]。これまで解説してきた、様々なユースケースのエッセンスが詰まったものである。

〈ＭＯＢＩのビジョン〉

都市の公共交通システムでは、膨大なモビリティ需要が交通インフラを圧迫し、自動車の安全性を揺るがしている。国連によると、都市部の人口は今後、２０５０年までに50％も増加する。渋滞や大気汚染といった都市化に伴う課題への対処は、今後さらに困難を極めるだろう。

多くの国において、二酸化炭素を最も多く排出しているのは車の走行であることも忘れてはならない。環境への悪影響だけではない。世界では交通事故により年間125万人もの命が失われている。都市はこれらの公害を減らすために、道路インフラの維持・整備や、車の流れを制御する上で、新しい方法を考案しなければならない。

MOBIは、急速に発展するAI、IoT、ブロックチェーンなどのテクノロジーの融合を活かし、人、車、あらゆるもの、あらゆるインフラにIDを割り当てられると考えている。これらのデジタルIDは、モビリティネットワークの可能性を無限に拡げ、そこではインテリジェントな「モノ」が自律的に取引を実行し、互いにコミュニケーションを取り合う。結果として、それは都市による交通インフラの構築、運営、財政の画期的な方法をもたらす。

この変革を早期に実現するため、MOBIとそのメンバーは2019年7月に、世界初のブロックチェーンによる車両ID（VID）の標準規格を作成した。VIDにより車のデジタルツインが創られ、カーウォレットを介した、車車間・路車間（Vehicle to Everything: V2X）でのM2M決済の可能性が拡がる。

カーウォレットでは、ドライバーに代わって車が路上を走行しながら、自律的にインフラの利用料を支払う。通行料の支払いだけではない。都市は、二酸化炭素の排出量に応じて車に課金することもできる。また、車のユーザーはこれらの費用を、サービスやデータを売ることで相殺することができる。

例えば、空いているシートに人を乗せたり、使用しないときに車を貸したりして料金を受け取る。さらには、車はインフラの破損や事故などの情報を、リアルタイムで交通事業者に通知し、トークンをもらうこともできる。

ＶＩＤとカーウォレット、トークンの「3点セット」を活用すれば、ユーザーはＥＶの使用、公共交通機関の利用、渋滞回避のための迂回ルートの選択に対して、クレジット・報酬を受け取ることができるのである。こうした課金やクレジット制度を活用することは、都市道路網における交通需要のコントロールを可能にすることから、市当局や交通局などのインフラ事業者にとって、都市交通に関わる最大の難題を解決する新たな手段となる。

またカーウォレットは、車のデジタルな追跡・通信機能としても利用できる。ネットワーク上に様々な車のＶＩＤがあることで、各車両が速度、位置、進行方向、ブレーキ操作といった情報を相互にコミュニケーションできるようになる。これにより、所定エリア内にて、信頼できるＩＤ、群知能（Swarm Intelligence：ＳＩ）、分散型測位システム（Distributed Positioning）を活用した「協調型モビリティ（Coordinated Mobility）」を実現することで、車はより安全に、そしてよりスピーディに走行することができる。

世界最大級のモビリティコンソーシアムであるMOBIのVIDを、カーウォレットやトークンと併用すれば、道路インフラの所有者は、インフラの利用量に見合った使用料を車からダイレクトに徴収して、その課金収入をインフラの整備・更新の費用に充てることができる。これが実現できれば、交通インフラ財政に革命が起こるだろう。

なぜなら、交通インフラ所有者は、グローバルで数十兆ドルもの巨額な交通インフラが座礁資産（Stranded Assets）となるリスクから解放され、これまでの道路整備事業費の非効率的な資源配分が改善されることで、交通インフラの財政負担を市民間でより公平に分散することができるからである。

なお座礁資産とは、英オックスフォード大学スミス企業環境大学院（Smith School of Enterprise and the Environment）の定義では、「環境関連リスクに晒されることで、不測または時期尚早の償却、評価切り下げ、または負債への転換に見舞われるといった、経済的リスク（エクスポージャー）が高まった資産」である[5]。交通インフラに置き換えると、公害で環境リスクへのエクスポージャーが増大することにより、維持管理や更新費用が膨らむことで資産価値が棄損し、低収益な不良資産として座礁する社会資産である。

電動化の流れもあって、グローバルで石油ガス税などの道路財源が先細る中、ブロックチェーンの活用で、支出削減と同時に新たな収入源を確保することで、道路インフラに係る公共投資を効率化することができる。加えて、地域間でバラツキもあることでも課題となっている、道路会計における受益と負担の乖離を解消することもできる。

すなわち、地域にかかわらず、交通サービスを享受する受益者が利益の程度に応じて費用を負担するという「応益原則（Benefits Principle）」を満たすことができるのである。

世界初のＶＩＤの共同実証実験が開始

このような、モビリティ社会の革命をもたらすビジョンを掲げたＭＯＢＩは、世界で初めて共同開発したＶＩＤを、今後は人やインフラのＩＤと紐づけることで、都市のデジタルツインの創造に貢献していく。つまり、ＭＯＢＩはモビリティの側面からスマートシティの構築を追求していくこととなる。

近くＭＯＢＩは、世界中の都市で、複数の自動車メーカーが中心となったＶＩＤの共同実証実験（Multi-Stakeholder Proof of Concept）をスタートさせる。様々なブロックチェーンのユースケースを組み合わせて、ＭＯＢＩメンバー企業と都市・自治体が共同プロジェクトを実施する。共同実証実験の第１弾は、コロナ禍が落ち着き次第、欧米地域で実施される。そして、近い将来、アジアの都市でも共同実証実験を実施する予定で協議を進めている。

分散型アプリケーション「サイトピア」を開発

ＭＯＢＩは分散型アプリケーション（ｄＡｐｐｓ：ダップス）の「サイトピア（Citopia）」を開発した。サイトピアは、共同創設者でＣＯＯのトラム・ヴォー（Tram Vo）がシティ（都市：City）とユートピア（理想郷：Utopia）を掛け合わせた言葉だが、スマートシティの構築を目指す都市がこのアプリを活用することを目指している。

なお、ｄＡｐｐｓとはブロックチェーンを用いた、サービスやゲームを提供するアプリの総称である。ｄＡｐｐｓの主な特徴は、①アプリの仕組みが公開されたオープンソースであり、ブロックチェーン技術を活用している、②中央管理者が存在せず、アプリは非中央集権的に管理されている、③自由に価値の交換を行うことができるトークンの発行と、アプリ内にそのトークンの受け渡しを行う仕組みをつくることで、自律的にオペレーションが実行される、④アプリのアップデートのためにユーザーが合意形成を行う仕組みがあること、である。

サイトピアはブロックチェーンを活用したモビリティプラットフォームである。外部のサービスとシステムを連携するためのプログラムやインターフェースを公開することによって、データのやり取りを可能にする、いわゆるオープンＡＰＩ（Application

図表7-4　分散型アプリケーション「サイトピア」の概念図（左図）とアプリ（右図）

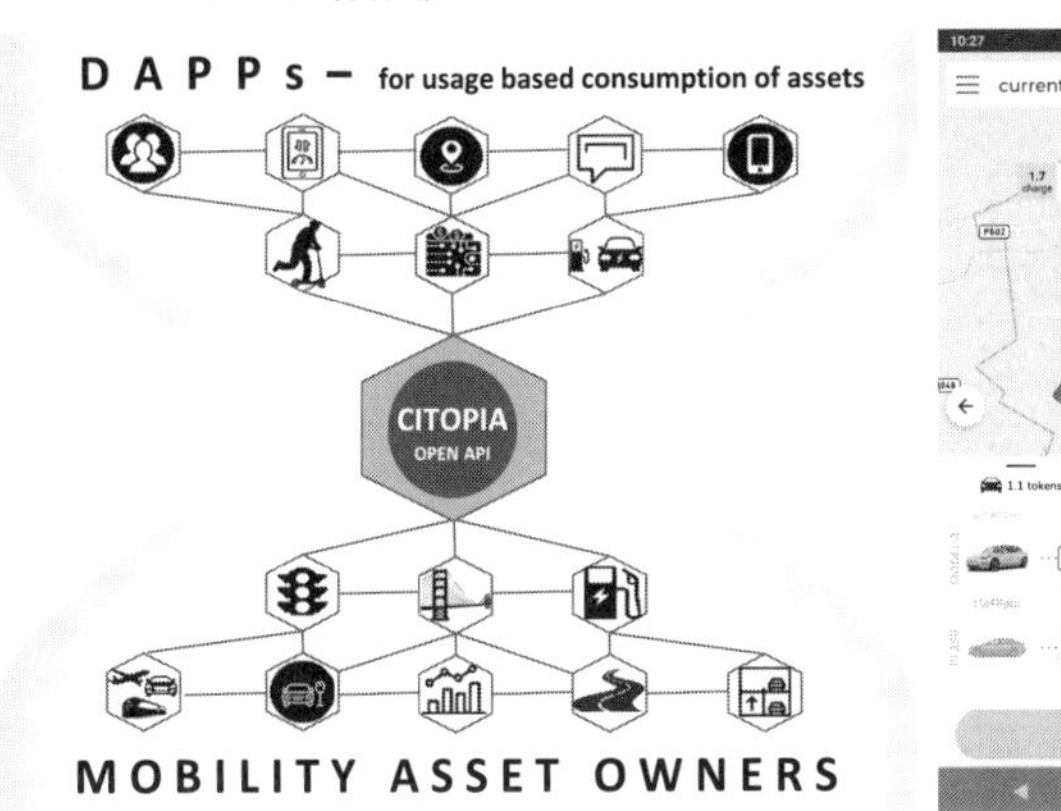

出所：MOBI

Programming Interface）という仕組みを採用している。

サイトピアプラットフォームは、データプライバシーの保護、モビリティサービスの可視性と相互運用性、ネットワーク内のノード（モーダル）の最適化を実現する。そして、様々なモビリティサービスをつなげ、地域・コミュニティがより良くなるように協業することを可能にする。

より具体的には、サイトピアを採り入れた都市やコミュニティでは、マイクロペイメントとスマートコントラクトを活用した従量課金型のUBIや道路利用料、駐車料金の支払いシステムを構築することができる。また、ブロックチェーン上で取引が行われるため、耐改ざん性の高い修理履歴やリコール履歴を記録することができる。

これまで本書で説明してきた、データマーケットプレイスの構築、EVとグリッドの融合、V2X取引、P2Pライドシェアリング、そしてマルチモーダルがシームレスにつながったMaaSなどを実現することができるアプリだ。

サイトピアが構築するトークンエコノミーでは、交通インフラや駐車スペース、車両といったモビリティ資産の所有者が利用者から、利用量に応じた道路利用料や駐車料を的確かつ公平に徴収し、また、渋滞や二酸化炭素を含む排ガス、道路へのダメージといった自動車の社会的費用を回収することができる（図表7−4）。

サイトピアは、MOBIの共同実証実験などで活用されるが、都市・自治体や実証実験の参加組織のニーズに合わせて、トークンを加減算するパラメーターを設定することができるものである。

サーキュラーエコノミーと親和性の高いブロックチェーン

サーキュラーエコノミー（循環型経済）への価値転換がグローバルで進み始めている。自動車産業のバリューチェーンの上流から下流までを網羅しているMOBIの活動にとっても、サーキュラーエコノミーの追求は重要なテーマとなっている。

サーキュラーエコノミーとは、資源循環を通じた経済のあり方であり、調達、生産、消費、廃棄といった一方向の流れではなく、リサイクル、再利用、再生産、省資源の製品開発、シェアリングなどを通じた資源循環の実現を目指すものである。また、産業革命から続く大量生産・大量消費・大量廃棄に取って代わる新しい経済の仕組みとも言える。

サーキュラーエコノミーが世界規模で拡がる可能性を秘めているのは、国連のSDGsにおける数多くの個別目標がサーキュラーエコノミーへの移行を促し、サステイナビリティの実現を目指すものであるからだ。そして、サーキュラーエコノミーは資源効率の追求であることから、脱炭素社会の実現にもつながるものである。

サーキュラーエコノミーとブロックチェーンは親和性が高い。ブロックチェーンの活用でサプライチェーンのトレーサビリティを担保し、資源循環プロセスの透明性を高めることで、リサイクル・リユースやフェアトレードを促すことができる。また、デジタルIDの管理や耐改ざん性のあるデータ記録、スマートコントラクトの実行をベースとしたP2P取引を可能とするブロックチェーンは、公平な価格形成を促す技術として導入が進んでおり、シェアリングサービスの拡大を後押しする。

そして、サーキュラーエコノミーにおいて脱炭素社会を追求する中、今後注目が高まるのはカーボンクレジットである。MOBIの分科会でもテーマに挙げられているが、カーボンクレジットの市場拡大にはブロックチェーンの活用が効果的である。

カーボンクレジットにおける、ブロックチェーンのユースケースは2つ挙げられる。1つは、カーボンクレジットの取引に関わるデータをブロックチェーンで管理することである。そして2つ目は、カーボンクレジットのトークン化である。

二酸化炭素排出権のひとつであるカーボンクレジットは、取引可能な二酸化炭素の排出削減量を証明するものである。気候変動に関する国際協定「京都議定書」が1997年に策定されて以降、政府や企業は排出枠を超えた二酸化炭素排出量を相殺するために（いわゆるカーボンオフセット）、カーボンクレジットを購入している。逆に、排出枠が余った国や企業は、カーボンクレジットを獲得し、そのクレジットを売却する。温室効果ガスの二酸化炭素を一定量削減する目標のもと、国や産業・企業ごとに削減に係るコストが違うため、このようにカーボンクレジットを「取引」するという仕組みが存在している。

もっとも、カーボンクレジットの取引は、二酸化炭素排出量の算出・測定が複雑であることや、取引を記録するシステムが各国で異なることなどにより、取引の透明性が低いのが課題となっている。二酸化炭素の排出量や算出方法をブロックチェーンに記録し、参加国・参加企業の共通プラットフォームとしてアクセスできるようにすれば、カーボンクレジット取引の透明性と信頼性が担保され、流動性を高めることができるのである。

カーボンクレジットのトークン化——脱炭素への行動変容を促す

カーボンクレジットのトークン化は、ブロックチェーン技術を活用した、個人による脱炭素社会に貢献する消費行動に報酬が与えられるという仕組みである。

カナダのブロックチェーン企業カーボンX（CarbonX）による、カーボンクレジットのトークン化はこのような仕組みである。

まずカーボンXは、REDD＋（レッドプラス）という気候変動を抑制するための国際的メカニズムの規定に基づき、企業を代表してカーボンクレジットを購入する。そして、そのカーボンクレジットを換金可能なトークンに転換し、そのトークンを企業に販売する。そのトークンを購入した企業は、二酸化炭素の排出量が少ない消費活動を行う個人にトークンを付与する。トークンを獲得した消費者は、別の商品・サービスの購入にそのトークンを利用したり、その他の暗号資産に交換することもできる。トークンのすべての取引はブロックチェーンに記録され、透明性が担保される。

カーボンクレジットの取引は国や企業間で行われるものであるが、カーボンクレジットのトークンを創ることで、個人も二酸化炭素の削減努力がダイレクトに報われるようにしている。このような、脱炭素への行動変容を促すインセンティブデザインをコンソーシアムや企業が構築すれば、個人消費者は自ら進んで環境に優しい商品やサービスを購入するようになる。

モビリティに置き換えると、このようなユースケースが考えられる。自動車メーカーが、EVの販売等で自ら獲得するか市場で購入したカーボンクレジットをトークン化する。スマートグリッドでEVを利用するユーザーや、EVを運転するシェアリングサービスのドライバーに対し、車載電池のP2P取引での売電量やEVの走行距離に応じてトークンを付与する。

自動車メーカーにとってのメリットは、一般的なカスタマー向けポイントプログラムと同じ効果を得られることだけでなく、ブロックチェーンに記録された、トークン獲得者の匿名ユーザーデータやトークンの取引履歴にアクセスできることで、そのデータに基づいた効果的なマーケティングを展開することができる。

また、このような「社会に良いことをすればするほど得」するトークンエコノミーがあれば、消費者はEVの購入・利用を選好するため、結果として、自動車メーカーはEVの販売を増やすことができ、より多くのカーボンクレジットを獲得するチャンスも拡がるのである。

第 8 章

スマートシティの構築と地域経済の活性化

1 全域で導入プロジェクトを推進する欧州

本書最終章は、スマートシティとブロックチェーンモビリティの追求に積極的である、欧州と中国、そしてアジア地域の動きについて紹介する。そして、最後は日本と日本の自動車産業への提言で締めくくる。

欧州主導でコンソーシアムを形成

世界で最もブロックチェーン技術の開発と導入に積極的なのが欧州である。

2018年4月10日、欧州委員会（EC）はブロックチェーンの発展を促す「欧州ブロックチェーンパートナーシップ（European Blockchain Partnership：EBP）」を締結し、同パートナーシップに欧州22カ国が合意した。その後、リヒテンシュタインなど他の欧州6カ国も加わったが、このパートナーシップの目的は、ブロックチェーンの技術革新を後押しするだけでなく、欧州各国の規制の足並みを揃える狙いもある。

欧州主導のブロックチェーンコンソーシアムの形成は、グローバルな拡がりとなっている。EBP設立1年後の2019年4月3日にECは、ブロックチェーンを推進する105の企業・団体が集う国際標準化団体「INATBA（International Association of Trusted Blockchain Applications）」をブリュッセルで設立した。

INATBAには、国際コンソーシアムの国際銀行間通信協会（SWIFT）やMOBI、スイスのクリプト・バレー・アソシエーション（Crypto Valley Association）、欧州域外の企業ではIBM、富士通やNECが加盟している。また、ブロックチェーン開発のコンセンシス（ConsenSys）やR3、IOTA財団、リップル（Ripple）、ヴィーチェイン（VeChain）、台湾ビーラブス（BiiLabs）なども参画している。INATBAは、世界各国の産業界、政策担当者、国際機関、規制当局、市民団体などから構成され、ブロックチェーンの活用が期待される各セクターでのガイドラインや国際基準の策定を活動目的としている。

また、欧州域内でのブロックチェーン研究を促進するため、欧州連合（EU）諸国及び欧州に拠点を置くテクノロジー企業は積極的なイニシアティブを取っている。

2017年8月にECは、EUによる域内企業向けの世界最大規模のイノベーション支援プログラム「ホライズン2020（Horizon 2020）」と連携し、「ソーシャルグッドのためのブロックチェーン（Blockchains for Social Good）」という社会イノベーションに貢献するビジネスアイデアを競う、賞金付きコンテストを実施している。

また2018年2月1日には、「EUブロックチェーン・オブザバトリー・フォーラム（EU Blockchain Observatory and Forum）」という組織が立ち上がったが、同組織は、欧州におけるブロックチェーンのイノベーションの加速とEU内のブロックチェーンエコシステムの開発を目的としており、100名以上の政策決定者や有識者によるフォーラム活動を精力的に実施している。

なお、ホライズン2020は2014年から2020年までの7年間にわたり、総額800億ユーロの予算が投じられた。次期プログラムの「ホライズン・ヨーロッパ（Horizon Europe）」では、2021年から2027年までの7年間で総額944億ユーロが域内の研究開発支援に充てられる。

欧州グリーンディールとグリーンリカバリー

現在ECが最重要アジェンダとしているのが、2019年12月にウルズラ・フォン・デア・ライエン委員長率いる新体制が公表した「欧州グリーンディール（The European Green Deal）」である。欧州グリーンディールは、環境問題への対応策であるとともに成長戦略に位置づけられている。

そして、2020年5月27日にECは、新型コロナウィルスのパンデミックからの経済再建を図るための復興基金案を発表している。総額7500億ユーロの同基金は「次世代のEU（Next Generation EU）」とも呼ばれているが、復興に際して、デジタル化に加え、気候変動やサーキュラーエコノミーへの取り組みを軸にすべきという考えの「グリーンリカバリー（グリーンな回復：Green Recovery）」が柱となっている。

欧州グリーンディールやグリーンリカバリーの実現に向けた産業政策としては、2020年3月10日に公表された「欧州新産業戦略（A New Industrial Strategy for Europe）」にまとめられている。新産業政策はグリーンとデジタルを両翼としており、欧州の未来にとって戦略的に重要な技術のひとつとして、ブロックチェーンが挙げられている。また産業では、従来型エネルギー産業から、デジタル関連を含む新産業への移行や転換を促す仕組みに加え、「持続可能なスマートモビリティ（Sustainable and Smart Mobility）」を追求する、と明記されている。

グリーンとデジタルへの移行を目指す欧州の新産業政策では、ブロックチェーンとモビリティは極めて重要なテーマなのである。

オランダで明らかになったソニーの「ブロックチェーンモビリティ」

「サーキュラーエコノミーの聖地」として、世界的にも有名な国となっているのはオランダである。首都アムステルダムでは2016年から、行政と市民、スタートアップ含む企業、学術機関や各種団体など、官民学が一体となってサーキュラーエコノミーの概念を様々なビジネス活動に取り入れ、実践している。そしてコロナ禍の2020年4月8日、アムステルダム市はサーキュラーエコノミーへの完全移行を目指す5か年計画「Amsterdam Circular 2020-2050 Strategy」を発表した。

なお、同計画は英オックスフォード大学の経済学者であるケイト・ラワース氏（Kate Raworth）が提唱する、「ドーナツ経済モデル（The Doughnut Economic Model）」を採り入れているのが特徴的である[1]。

2020年4月23日、ソニーはオランダにてMaaS向けにブロックチェーン技術を活用した共通データベース基盤「ブロックチェーン・コモン・データベース（BCDB）」を開発したと発表した[2]。オランダのインフラ水管理省が2019年に公募したMaaSのプログラム「ブロックチェーン・チャレンジ・プログラム」にソニーが参画し、2020年3月末までこのBCDBをベースとした実証実験を行った。ブロックチェーン技術をMaa

S向けに活用し、大規模な移動履歴と収益配分の記録、共有を実現したこの実証実験は、業界初の取り組みであった。

ＢＣＤＢはＭａａＳ向けに限らず、スマートシティ構想における各種センサーデータの記録、共有などへの応用も期待できるとのことだ。

ソニーは、ブロックチェーン技術の応用を教育やエンターテインメント領域で展開しているが、モビリティでの活用も模索していることがこの発表で明らかになったのである。

ソニーは、ブロックチェーンの基盤である暗号技術の開発で長年の実績とノウハウを蓄積しているが、同社の暗号技術をベースとした代表作は、今や全世界で使われている非接触型ＩＣカード技術のフェリカ（FeliCa）である。ブロックチェーンや暗号技術に携わる者にとって、ソニーは特別な存在である。２０２０年1月に米ラスベガスで開催されたＣＥＳ（電子機器見本市）にて、ソニーは独自開発のＥＶ「Vision-S」を発表し、世界を驚かせた。とりわけ、この発表に熱狂したのはブロックチェーン業界であった。高い暗号技術を持つソニーが世に送り出す車は、Ｍ２Ｍ決済を可能とする「ブロックチェーンモビリティ」であるに違いない、と多くの業界関係者が期待を込めて予想した。

ソニーは「Vision-S」でブロックチェーン技術を活用するとは発表していない。だが、オランダでソニーがブロックチェーンをモビリティで応用したことが明らかになったことで、ソニーがソニーらしい強みを活かして自動車産業に本格参入する可能性はゼロではないと言える。

ブロックチェーン・ハブのベルリンへ向かうテスラ

「〝ブロックチェーン・コスモス（宇宙）〟で最も重要な街はベルリンである」

イーサリアム（Ethereum：ＥＴＨ）の共同創設者で、ブロックチェーン開発企業コンセンシス創設者のジョセフ・ルービン氏（Joseph Lubin）の言葉である[3]。ルービン氏は、ベルリンにはブロックチェーン社会を構築するためのインフラ、数多くの才能ある経営者やプログラマーがいるからだと言う。オーシャン・プロトコルのブルース・ポンＣＥＯ（Bruce Pon）は、「ベルリンという街には自主独往の精神が根付いている」ことも、世界中からブロックチェーン業界の才能を惹きつけている背景にあると言う[4]。

実際ベルリンには、国際的にも著名なオーシャン・プロトコル、イーサリアム、ＩＯＴＡを含め約１００ものブロックチェーンや暗号資産に関するプロジェクトが進行中である。ベルリンは約２０００にも及ぶスタートアップ企業が集まる、欧州を代表する「スタートアップ・ハブ」となっているが、世界最大級の「ブロックチェーン・ハブ」としても注目されている。

２０１９年9月18日、ドイツ連邦政府は総合的なブロックチェーン国家戦略（Blockchain-Strategie der Bundesregierung）を閣議了承した。同政府はブロックチェーンが将来のインターネットの重要なパーツとなり、ブロックチェーン技術が国力の強化に寄与するという見解を示した。ドイツ国内外の大手企業がベルリンにオフィスを構え、スタートアップやブロックチェーン開発企業とのコ・クリエーション（共創）を模索する動きが加速している。

中でも、ドイツ系を中心とした自動車メーカーや部品メーカー、エネルギー関連企業のベルリンでの研究開発活動は活発化しており、前述の欧州グリーンディールのような、地域特有の産業育成の風土が醸成されていることが背景にある。

そして、２０１９年11月13日、テスラがベルリン近郊に新工場を設立することが明らかになった。米国、中国に次ぐ4番目となる工場「ギガファクトリー4」は、ベルリン新空港近くのブランデンブルグ州グルンハイデ（Grünheide）に建設され、２０２１年から車両と車載電池、駆動装置の生産を開始する予定である。また、ベルリン市内にエンジニアリング・デザインセンターも併設される。

イーロン・マスクＣＥＯは、欧州初の工場進出先にドイツを選んだ理由として、ドイツの自動車産業の技術力の高さにあると述べた。そして、ブランデンブルグ州の首相は誘致成功の要因に、ベルリンに近い立地と、ドイツ国内で唯一、将来的に再生可能エネルギーだけで生産活動が行える地域であることを挙げた。

近代自動車産業の発展は、後にメルセデスベンツ「Sシリーズ」やフォルクスワーゲン「ビートル」の生みの親となるオーストリア人のフェルディナンド・ポルシェ博士（Prof. Ferdinand Porsche）が、処女作であるEV「ローナー・ポルシェ（Lohner-Porsche）」を120年前の1900年パリ万博で発表した時に始まった。

いわゆる「100年に一度の大変革」を自動車産業にもたらしたイーロン・マスクCEO率いるテスラが、欧州の次世代モビリティとブロックチェーンのメッカとなるベルリンを新工場の進出先に選んだことに、何ら違和感はない。なぜなら、CASEとブロックチェーンでの先駆者であることを証明してきたテスラにとって、ベルリンは生産地としてだけではなく、さらなるイノベーションを追求するためのリソースが整った土地としても、魅力的に映ったに違いないからだ。

テスラの動きから、自動車産業に「欧州回帰」の流れが生まれつつある、と言っても過言ではない。ベルリンを中心とした欧州発のモビリティ・自動車の進化には今後も要注目と言えよう。

2 ブロックチェーン強国を目指す中国

関連特許の取得数は世界一

欧州に次いで、ブロックチェーンの社会実装に意欲的なのは中国である。

「ブロックチェーン技術の応用が、新たな技術革新や産業のイノベーションにおいて重要な役割を担う。ブロックチェーンを核心的技術の自主的なイノベーションの突破口と位置づけ、ブロックチェーン技術と産業イノベーションの発展推進を加速させなければならない」

2019年10月24日、中国共産党中央委員会政治局第18回集団学習という会議での習近平国家主席の発言である。習主席が初めてブロックチェーン（区块链）という言葉を口にし、国家戦略としてブロックチェーン技術の積極的な推進に取り組むという意欲を示した[5]。

この発言から2日後の2019年10月26日には、全国人民代表大会（全人代）常務委員会にて、暗号の応用と管理を規範化し、ブロックチェーン関連分野の発展を目的とした総合的な法律である「暗号法」が採択・公布され、2020年1月1日に施行された。

中国は早くから積極的にブロックチェーン技術の研究開発や実証実験を行っており、国や地方政府、企業のブロックチェーン活用の取り組みは盛んであったが、習近平主席の「大号令」をきっかけに、今まで以上に目まぐるしく動いている。

中国のブロックチェーン業界を引っ張っているのは、2019年のブロックチェーン関連特許の取得数が世界一のテンセント（騰訊）や、同世界2位のアリババ（阿里巴巴）やバイドゥ（百度）といった、中国を代表する世界的なデジタル・プラットフォーマーである。これらIT巨大企業に加え、スタートアップも含めた中国のブロックチェーン関連企業は約3万社もあり、中国でのブロックチェーン関連特許の取得数は世界一でアメリカの3倍の規模となっている[6]。中国はブロックチェーン強国を目指し、着実に歩を進めている。

スマートシティの基盤はブロックチェーン

中国はスマートシティの基盤にブロックチェーンを据えていることが特徴的である。中国工業情報部（日本の総務省にあたる）の傘下組織である中国信息通信研究院（ＣＡＩＣＴ）は、２０１９年11月に「新しいスマートシティに活力を与えるブロックチェーン（区块链赋能新型智慧城市）」という白書を発表している。ブロックチェーンはスマートシティの多くの分野で活用でき、都市のさらなる発展に貢献する大きな可能性を秘めていると明記されている。

２０１９年9月25日、北京郊外のスマートシティの実験都市である雄安新区では、テンセントやアリババ、百度、中国平安保険などの大手企業や大学、研究機関がスマートシティを研究するコンソーシアムを立ち上げた。２０２０年4月24日には、ＤＣＥＰ（後述）の実証実験が始まっており、参加企業リストにはマクドナルドやスターバックス、サブウェイなどの海外企業も名を連ねている。

なお、中国はブロックチェーン技術を活用した、世界初の中央銀行が発行するデジタル人民元（Digital Currency Electronic Payment：ＤＣＥＰ）の導入に向けて、多くの都市で実証実験を行っている。

中国はスマートシティにおいて、デジタル資産の価値交換の媒体としてDCEPを活用するだけでなく、AI、ブロックチェーン、IoTも導入した「デジタル都市」の構築を目指している。

雄安新区を含む、中国の数多くのスマートシティで中心的存在である百度は、2019年11月8日にブロックチェーンを活用した「ブロックチェーン・スマートシティ」の進展について公表した。北京、広州、重慶、青島などで実施している実証実験において、ブロックチェーンの活用領域として、医療、司法、行政サービス、そして交通を挙げている。

交通領域では、車両やスマートフォン、路上の監視カメラなど、様々な場所にあるIoT機器から得られたデータをブロックチェーンに記録し、データ改ざんを防ぎながら、道路状況をリアルタイムで最新情報に更新している。これにより、交通違反や交通事故が起きた際、非改ざん性であり正確な道路状況のデータから、迅速な取り締まりや事故後の処理が可能となっている[7]。

このように、中国の自動運転開発をリードする百度がブロックチェーンを基盤としたスマートシティの構築に邁進している。今後、中国の自動車産業は、スマートシティ構築に貢献する、ブロックチェーンを活用したモビリティを開発・導入する動きが加速するだろう。

3 ブロックチェーンのハブを狙う台湾

アジアのブロックチェーン・ハブのひとつに

「台湾をブロックチェーン産業の国際的なハブにしたい[8]」

そう述べた台湾の行政機関である国家発展委員会は2019年7月12日、ブロックチェーン分野での産官学連携の「台湾ブロックチェーン大連盟（臺灣區塊鏈大聯盟：Taiwan Blockchain Alliance）」を設立した。台湾政府は「スマート政府」の構築を目指している。すでに数多くの政府機関が、ブロックチェーン技術をベースとした行政サービスを導入する計画を持っており、公務執行の効率化も狙っている。

これに加えて、ブロックチェーン技術を活かして、各産業分野でのユニークな競争力をつけるという「ブロックチェーン・プラス」を引き出し、産業のアップグレードとリニューアルを実現することで、台湾をデジタル国家にしたいという意向がコンソーシアム設立の背景にある[9]。

世界有数の先進スマートシティ台北はブロックチェーンに注目

台湾でもスマートシティ構築に向けた動きは活発である。特に台北は、スイスＩＭＤによる２０１９年世界スマートシティランキングにて世界第7位、アジアではシンガポールに次ぐ2位にランクインしており、世界有数の先進スマートシティとして有名である[10]。

新型コロナウィルスへの感染予防対策が進んでいたように、医療サービスのクオリティが高いことに加え、無料の公共Ｗｉ-Ｆｉスポットが多いことや、公共交通機関のチケット購入での利便性の高さなど、モビリティに関わる調査項目で高い評価を受けている。加えて、行政の規制緩和により、自転車や電動スクーター、ＥＶ、駐車場のシェアリングが普及しており、それらのサービスは電子マネーで決済できる。

そのような先進都市である台北は、ブロックチェーン技術の導入に積極的である。２０１８年1月30日に、台北市はスマートシティ化を進めるための第一歩として、ＩＯＴＡ財団との提携を発表した[11]。同国ブロックチェーン開発企業のビーラブス（BiiLabs）は２０１８年10月15日に、ＩＯＴＡをベースにしたデジタルアイデンティティ・システムを構築し、台北市のデジタル市民カードの基盤技術になっている[12]。

電動スクーター用交換式バッテリーは台湾の「ブロックチェーン・プラス」に

台湾ブロックチェーン大連盟のメンバーでもあるビーラブスは、第6章で紹介したブロックチェーンを活用したUBIの実証実験を行っているが、モビリティ領域での他のユースケースの探索にも余念がない。同社のイルマン・チューCEO（朱宜振）は、台湾でのスマートシティ構想において、ブロックチェーンを活用したモビリティで要注目のユースケースに、電動スクーター用交換式バッテリーを挙げる[13]。

人口2300万人の台湾では、二輪車の総保有台数は1200万台にも及ぶ。2人に1人が二輪車を保有するという、世界で最も二輪車が普及する国だが、子供と老人の人口を除くと、実質的には「1人に1台」行きわたっている水準と言える。そのような「バイク大国」の台湾も、四輪車同様に二輪車でも電動化が進んでおり、最近では電動スクーターの普及が加速している。台湾政府も「電動スクーター版テスラ」として注目する、2011年創業の地場メーカー・ゴゴロ（Gogoro）は、交換式バッテリーのシェアリングサービスの提供により、電動スクーター市場でトップの地位を獲得した。

台湾政府は二酸化炭素の排出削減のため、EVの普及を推進している。電動スクーターの交換式バッテリーのシェアリングサービスや、バッテリー交換ステーションをスマートグリッドに融合させるようなエコシステムでトークンエコノミーを構築するなど、ブロックチェーンを活用した新しい仕組みを取り入れる余地は大きい。ゴゴロの主要株主には、シンガポール政府傘下の投資会社テマセク・ホールディングスが含まれている。電動スクーター用交換式バッテリーでのブロックチェーン活用は、同じく二輪車の普及台数が多い東南アジアでも実践される可能性は十分に考えられ、アジアに展開される台湾発の「ブロックチェーン・プラス」となり得る。

4 アジア各国で進むブロックチェーンモビリティ

アジアのその他の国でも、国策としてブロックチェーン技術の導入推進に積極的に取り組み、モビリティ領域での活用を模索する動きが出始めている。これまで本書でも取り上げたように、中国以外のアジアにおけるブロックチェーンの最大のハブはシンガポールだと言えるが、その他のアジアの国として、世界5位の自動車大国であるインドと、国際的な大手自動車メーカーがある韓国での動きを取り上げる。

国家プロジェクト作成に本腰を入れるインド

インドでは2020年1月、ナレンドラ・モディ首相が議長を務める政策シンクタンクのNITI委員会（NITI Aayog）が、「ブロックチェーン：インドの戦略（Blockchain: The India Strategy）」というブロックチェーン政策のディスカッション・ペーパーを公開した。同ペーパーは、政府決定者や企業経営者、国民など様々なステークホルダーに対し、ブロックチェーンの基本概念やスマートコントラクトの説明に始まり、ブロックチェーン技術を活用したユースケースが紹介されている。

さらに、ブロックチェーンはインドの政治経済にパラダイムシフトをもたらす可能性があると記述されている。モビリティについても言及されており、ユースケースとして、自動車保険やEVの交換式バッテリーへのブロックチェーン活用が取り上げられている。

そして、コロナ禍中の2020年4月29日、インドのITと電子産業の開発を担当する電子情報技術省（MeitY）のサンジャイ・ドートル大臣（Sanjay Dhotre）は、様々なブロックチェーン・プロジェクトの共通インフラの構築を目指す「国家ブロックチェーンフレームワーク（National Level Blockchain Framework）」に関する報告書を、近く政府が発表すると現地メディアにコメントした[14]。

先進国へのキャッチアップを目指す韓国

韓国もブロックチェーンを成長産業として有望視している。韓国政府は2019年7月24日、同国第2の都市である釜山（プサン）広域市を規制緩和特区に指定し、様々な産業分野でのブロックチェーン技術の社会実装に取り組む方針を明らかにした。同特区に拠点を置く企業のうち、現代自動車グループの電子決済子会社ヒュンダイ・ペイは、ブロックチェーン技術を活用したスマートシティ化の推進について、釜山広域市との協力合意を交わしている[15]。

また、同じく規制緩和特区である韓国中部の世宗特別自治区は、自動運転開発をメインテーマとしたスマートシティであるが、2020年5月8日、国家行政機関の科学技術情報通信部（MSIT）と韓国インターネット振興院（KISA）、LGグループなどのテック系企業コンソーシアムが連携して、ブロックチェーンをベースとする分散型IDを用いた自動運転車の実証実験を行うことを同自治区が発表した[16]。

同国企画財務部（MOEF：日本の財務省に相当）は2020年4月17日に、ブロックチェーンの専門家を集めた懇談会を実施した。同部次官は、欧米などのブロックチェーン先進国に対し、韓国の遅れは2、3年程度で大きくはないと発言した上で、その先進国との格差を埋めるため、ブロックチェーン戦略を策定し、これらを次年度予算に反映させると述べた[17]。

世界的な自動車メーカーを輩出する韓国でも、スマートシティにおけるブロックチェーンを活用したモビリティの追求が、今後さらに活発化する。

5 スモール・イズ・ビューティフル　日本への提言

さて、本書最後は、日本のモビリティの未来を創ろうとするポリシーメーカー（政策決定者）、自動車業界、これからこの新産業に参加しようとする人々に対しての、提言を行いたい。

パンデミックリスクと共存する中で、自動車のバリューチェーンにおける、生産、販売、そして、他産業や都市との連携が求められるＭａａＳといった次世代モビリティ、それぞれにおける提言である。

ニューノーマル時代のモビリティにおける重要なポイントは、これまでのモノ（車両や部品）を動かすことから価値を動かすことへと、抜本的に発想を転換させることである。

そして、価値の源泉は地域データにある。価値を顧客・ユーザー側から読むとどうなるかという視点で、地域データの強み・提供価値を再定義する。そのうえで、ブロックチェーンを活用しながら、地域に根差した豊富かつ固有性（アイデンティティ）の高い価値をインターネット化する。これによって、サプライチェーンのレジリエンスと、ＣＡＳＥやＭａＳの収益性が向上することで、次世代モビリティの持続可能性が高まり、地域経済の活性化やサーキュラーエコノミーの構築も実現することができる。

提言1　供給網のレジリエンス向上と中小企業の包摂的成長を追求する

新型コロナウイルスのパンデミックにより、グローバルなサプライチェーンは分断され、効率化やジャスト・イン・タイム（ＪＩＴ）に大きな課題が突き付けられた。ただ、安易に国内回帰を求める必要はない。ブロックチェーンを活用して、グローバルな供給体制を分散型ネットワークに再構成し、国内のネットワークは中小企業の経済的包摂性を高めることがポイントである。

より具体的には、サプライヤーの情報を分散型ネットワークで管理して透明性を高め、その情報を複製や改ざんがされないようにブロックチェーンに記録し、トレーサビリティを実現する。そうすることで、危機後にサプライチェーン全体の在庫情報、資材・部品の調達可能性の把握から、代替調達先の選定・審査・量産指示を速やかに行い、新しいネットワークを迅速かつ垂直的に稼働させることが可能となる。

台風や洪水、地震といった自然災害に加え、疫病発生のリスクが高いアジアではなおさらだが、ひとつの会社・工場が止まることでシステム全体が止まってしまう、いわゆる単一障害点（Single Point of Failure：ＳＰＯＦ）をなくす必要がある。

また、トークンエコノミーを構築することも重要である。国内の中小零細企業は、技術力が高くても営業力が弱いがために、特定顧客への依存度が高い。このことから、パンデミックが起きると、産業全体で稼働率の低下影響が大きく出やすい。力を発揮できずに廃業する中小企業が増えれば、産業を支える技術の地盤沈下につながるため、大企業と中小企業がマッチングする機会は増やさなければならない。

ブロックチェーンを活用し、ＩＰが守られたかたちで、設計図やＲＦＱを分散型ネットワークで共有できるようにし、データ提供に対してはトークンを与えるというインセンティブ設計を施す。パンデミックなどにより、主要調達先からの部材供給がストップするといった非常時には、技術と生産能力で対応できる代替企業に発注できるようになるため、レジリエンスが高まる。

中小企業にとっては、より多くの企業努力が大企業から評価されやすくなり、経済的包摂が高まって、成長機会が拡がる。地域経済の活性化につなげることもできるのである。

加えて、分散型ネットワークがうまく構築できれば、DDM（Direct Digital Manufacturing）、すなわち3Dプリンターの開発と導入を強化することも得策である。部材・部品供給者と最終組み立て工程との間で、輸送ルートを削減できれば、輸送コスト削減による採算性の向上のみならず、供給網の分断リスクを回避することもできる。事業の持続可能性が高まるだろう。

提言2　自動車流通のデジタル化を推進し循環型経済を構築する

少子高齢化で人口減少社会が到来した日本では、新車需要の縮小やCASEの進展により、国内新車ディーラーにおける販売体制や戦略の抜本的な見直しが待ったなしの状況である。

パンデミックとの共存では、ソーシャルディスタンスを前提に、新車ディーラーはARやVRを活用して、顧客に効率的なオンライン販売を提供する必要がある。ブロックチェーン社会では、デジタルキーやスマートコントラクトの実現・普及により、ディーラーが顧客に直接対面してコミュニケーションする機会が減り、また、完全オンライン販売を求める顧客が増える。そのような時代が到来することに備えるため、VRとARの導入を積極的に推進して、インターネット上で潜在顧客を捕捉する能力を高めることが重要である。

　ブロックチェーンを活用すれば、管理顧客の保有車両（中古車）や車載電池の再販売価値を押し上げることができる。それは、新車買い替えを喚起することにもつながる。また、下取り率の上昇により、ディーラーは中古車市場やバッテリーのリユース・リサイクル市場への販売機会を拡げることもできる。ディーラーにおける循環型経済を構築することで、新車販売以外の事業収益を高められる。

　また、後述するが、コミュニティコインを活用したトークンエコノミーを地域経済で構築する場合は、メーカーはそのコミュニティコインでの取引を可能とするウォレットを開発するであろう。ディーラーは長年蓄積してきた管理顧客データを基に、地元自治体などと連携して、コミュニティコインを活用した地域サービスを拡充することで、新車販売後の移動サービスの収益獲得機会を拡げられるのと同時に、地域経済の活性化に貢献することができると考えられる。

提言3　コミュニティトークンの創造と移動サービスの革新で地域経済を活性化する

ソーシャルディスタンスやインバウンド需要の剥落により、公共交通機関の収益環境は急速に悪化しており、パンデミックは日本のＭａａＳに大きな逆風となっている。このような環境下で、かねてから収益性が低いＭａａＳの持続可能性を高めるためには、大胆な発想で収益を大きく押し上げなければならない。

ＭａａＳの稼働率・客数を増やすことが求められるが、ＭａａＳを利用した後のユーザー経験を喚起するようなインセンティブデザインが必要である。ここでもトークンエコノミーを構築することが重要となる。

ブロックチェーンの世界では、デジタル通貨の創造や地域通貨再考が盛んになっている。ブロックチェーンを活用した新しい通貨は、使われる場所に限定するものでなく、共通の関心・興味で人々がつながった「コミュニティ」において、社会関係資本を可視化し、その価値をネットワーク化する媒体となる。このような取り組みは、スマートシティやスーパーシティ以外でも、地域単位で行うことが今後増えよう。

ウィズコロナ時代は、人の移動に制約がかかるリスクと共存しなければならないが、Ｅコマース消費やフードデリバリー需要の高まりにより、モノの移動は今まで以上に増える。今後より一層拡がるであろう、旅客運送と貨物運送の稼働率の格差を平準化させるため、法制度上の壁を低くするべきである。同一の車両、ドライバー、運行管理者が人だけでなくモノも運ぶ「貨客混載」は、パンデミックだけでなく、災害発生時のＢＣＰ（事業継続計画）の一環としても必要であるから、規制緩和を進めるべきであろう。食品や医療物資などの物流における信頼性を高めるために、ブロックチェーンは不可欠となる。

サイバー空間でのデジタル資産の価値をつなぐ媒体は暗号資産であるが、そのデジタル資産に紐づく実世界の人やモノを動かす移動の媒体はモビリティである。地域経済の活性化を目的としたコミュニティコインは、モビリティが主体となって構築することが適切であるから、コミュニティコインの創造と移動サービスの革新はセットで取り組むべきである。

これからは、人とモノをある目的のために「Transport（輸送）」したり、人の「Travel（旅）」を充実させるといったように、「Mobility（移動）」を目的ではなく手段と捉えるような、「ＴａａＳ（Transport/Travel as a Service）」の観点で移動サービスの革新を追求することになろう。「ＭａａＳプラス」の発想と、インセンティブ（動機付け）としてのコミュニティコインとの連携は、規模が比較的大きい「実験場」が必要である。ブロックチェーン社会が本格到来しているであろう、２０２５年に開催予定の大阪・関西万博は、その実験をするための好機となろう。

仕組みを改めて、目標を切り替える

2016年に「CASE」という言葉が誕生し、デジタル化の波が押し寄せた自動車産業は現在、大変革の最中にあるが、同時に、インターネット社会の進化である、ウェブ3・0という新時代を迎えようとしている。そして、図らずも、新型コロナウィルスのパンデミックにより、自動車産業はいち産業の大変革ばかりか、地球規模の社会の大変革への対応も迫られることになった。

「100年に一度」から「500年に一度」へ。パンデミック前には戻ることがない、ニューノーマルにおいては、デジタル技術を中心とした先端技術の開発・導入はこれまで同様に大切だが、社会が根本的に変わってしまったのだから、これまでの仕組みを改めて、目標を切り替えることがより重要である。これは、日本の自動車産業のみならず、日本全体にも言えることである。

今回のコロナ禍にあって、政府の給付金支給や企業のテレワーク対応などでのスピード感の欠如と手際の悪さから判断すると、世界的に見て、日本や日本企業がデジタル化に相当出遅れており、深刻な状況にあることが明確になったと言える。これまで、米シリコンバレーや中国を中心に、海外での最新技術を学ぶ機会がたくさんあったにも関わらず、それらをものにできていなかった。そもそも、それら海外で先行する最新技術は、日本の社会の仕組みや、日本人の性質に合っていないのではないか。

そうであれば、パンデミックとの共存で海外との交流・取引に制約がかかる中ではなおさら、海外の最新技術を追うばかりではなく、日本・日本人の身の丈に合った新しい仕組みを取り入れ、日本らしい発展のかたちを追求するべきであろう。

日本はすでに強力なコンテンツを持っている

これまでの成長の「ものさし」に固執する必要はない。日本と日本企業は、海外へビジネスを拡げ、「インターナショナル」にはなったが、脱炭素など地球規模の取り組みに貢献できていない点で、「グローバル」とは言えない。まずは自国・地域の提供価値を再定義し、ローカルなスケールでその価値の向上を追求しながら、持続可能な地域経済の構築を一つひとつこなしていく、という目標に切り替えていくべきではないか。それがゆくゆくは、地元と海外の両方のニーズにしっかり対応できるようになり、日本が真にグローバルな国になることにつながろう。必ずしも、グローバル化は海外でやらなければならない、ということではない。

パンデミック前まで、世界中から日本に外国人観光客が数多く訪れたのは、これら訪日客が、百人百様に地方固有の文化やホスピタリティに惹かれたからだ。日本は全国津々浦々、最新技術はなくとも、海外が真似することができない強力なコンテンツをすでに持っている。

2019年に日本で開催されたラグビーのワールドカップでは、日本のホスピタリティに敬意を表して、海外選手の多くが試合後に深々と観客にお辞儀をする姿に、日本人が心を打たれたのは記憶に新しい。トークンエコノミーの観点から見ると、この日本固有の埋もれた社会関係資本の価値を可視化し、訪日外国人だけでなく日本人の間でも、その価値を高める仕組みづくりが必要で、ブロックチェーンを活用する意義はそこにあると言える。

小さいことは素晴らしい

『スモール・イズ・ビューティフル（Small is Beautiful）』――ドイツ生まれのイギリス人経済学者E・F・シューマッハー（Ernst Friedrich Schumacher）が、第一次石油ショックが始まった1973年に出版した本で、英国では持続可能な開発を学ぶ大学生の必読書となっている。

スモール・イズ・ビューティフルは、高度に発展した先進国の工業文明がもたらす、経済拡張主義や物質至上主義を批判している。そして、ものごとには適切な規模があり、人間の身の丈に合った経済活動があるはずで、小さくても大事な自分たちの土地や天然資源をよく見ることが重要だ、という価値観の転換を推奨している。47年前に提唱されたこの思想は、コロナ危機の今にあって、非常に強く響くものがある。

新型コロナウィルスの発生は、GDP至上主義、利益至上主義を見直す契機となっている。パンデミックにより、たとえ利益が大幅に減少したとしても、従業員とその家族の命と健康を大事にする組織や企業は、社会や市場により高く評価される時代となる。社会を構成する目の前の従業員を大事にできなければ、社会を良くすることに貢献できる組織・企業だとは言えない。従業員や社会を良くするため、今は利益を犠牲にしたとしても、社会的評価や企業価値の向上といった「結果」は後からついてくる。実際、株式市場ではSDGsやESG投資の流れで、機関投資家はそのような取り組みを実践する企業を高く評価し始めている。

SDGsやESGなどは、今に始まった議論ではない。しかし図らずも、自分の健康が他人や社会の健康を直接かつ大きく左右する未曽有のパンデミックが発生したことで、サステイナビリティの実現や社会的責任を果たすべく、組織・企業が抜本的に目標を切り替える時が一気に早まったと言える。

日本と親和性の高いブロックチェーン──危機を好機に変えるチャンス

ブロックチェーンは最新技術や新しいコンテンツの活用と言うよりは、むしろ新しい信頼のネットワークを形成し、社会の仕組みを改めるという概念に近いものだと言える。

この新しい概念を取り入れることで、地域・地方に埋もれた「個性」を引き出し、土地に根付いた文化や人々の絆といった社会関係資本を可視化することができる。また、パンデミックにより、これまで大勢いた海外や域外からの来訪者がいなくなったとしても、日本人・地元民が互酬の精神でこの社会関係資本を再評価することで、地域完結型のサーキュラーエコノミーの構築と、持続可能な地域経済の実現が可能となるはずだ。

日本にはもともと、地域の社会関係資本を大事にする文化が根付いている。そういう意味で、ブロックチェーンは、日本にとって親和性の高いものであると言える。生まれたばかりで、依然として多くの技術的課題を抱えているブロックチェーンは、万能ではないことは事実だ。もっとも、コロナ禍にあって、ブロックチェーンの注目度がより一層高まっているのは、社会がブロックチェーンを求めるという、時代の流れがそうさせているのであろう。

日本だからこそ、ブロックチェーンが危機を好機に変えるチャンスをもたらすということと、日本がブロックチェーンを試す価値は十分にあるということを伝えて、本書を締めくくりたいと思う。

対談

ブロックチェーン×DXで新たな「日本モデル」を

クリス・バリンジャー／深尾三四郎

技術面より、コミュニティの形成に課題があった

——ここでは、今後ブロックチェーンとモビリティがどのように世界に拡がっていくのか、著者のバリンジャーさんと深尾さんにお聞きしていきます。

まずはグローバルに見たモビリティ・オープン・ブロックチェーン・イニシアティブ（MOBI）の現状を教えてください。

バリンジャー　MOBIの取り組みのきっかけは、私がトヨタファイナンシャルサービス（TFS）にいた2015年頃にさかのぼります。当時の私は、ブロックチェーンを使った

新しいDLT（分散台帳技術）など、決済や支払い関係のファイナンスアプリに関心を持ち始めていました。

特に関心を惹かれたのがブロックチェーンを使ったIoTです。IoTは、物理的な「モノ」が、ほかの「モノ」とつながるというものですが、それぞれの「モノ」に、機密性の高いデジタルIDを与えることができれば、「モノ」が経済的な意味を持った主体になり得ることに気付いたのです。「モノ」同士が安全に商取引を行う、新しいタイプのエコシステム、市場を作ることができると考えました。

DLTを使って機密性の高いデジタルIDを作り、それを個々の車両に与えれば、車両間の通信や車両とインフラ間の通信が可能になります。私たちはこれを、「新しい移動経済（New Economy of Movement）」と呼んでいますが、それによって何兆ドル相当の、今は存在しない新しい市場を生み出すことができます。

当時、これを考え始めたのは、私たちだけではありませんでした。ほかの多くのIT企業、自動車企業の人たちも同じことに気付き始めていました。そしてこうした他の企業も、それぞれが社内で、車両をブロックチェーンにつなぐといった実験を開始していました。

そこで、ほかの企業の人たちとも連絡を取り、各社がどのような研究開発を行っているか情報交換を始めてみたところ、車両ウォレットや車両IDの活用、ライドシェアやカーシェアへのブロックチェーン活用など、同じような取り組みを考えていたことがわかりました。

誰もが、ブロックチェーンと自動車は相性が良く、インフラの中で活用するのはそれほど難しくないだろうという共通認識を持っていました。その一方で、通常のエンタープライズアプリの中で活用するのは難しいだろうということもわかりました。

解決すべき真の問題は、「車両をどのようにブロックチェーンとつなげるか」「処理スピードをどのように上げるか」といった、技術面にあるのではありません。本当の課題は、「コミュニティをどう形成するか」。分散化ネットワークの中で通信や決済、IDの割り振り方などをどう標準化するか、といった課題の方が、はるかに重要です。

これは、世界最大の自動車企業やIT企業であっても、単独では実現し得ません。実用最小限のコミュニティ（Minimum Viable Community）を実現するための、企業・業界を横断するコンソーシアムのような組織が必要です。

こうして2018年5月に発足したのがMOBIです。創設メンバーは35でしたが、現在では100以上に増えています。多くのグローバル自動車メーカー、テック企業、ティア1やティア2のサプライヤーだけでなく、非政府組織（NGO）、政府機関、学術機関、スタートアップも名を連ねています。

MOBIへの関心や取り組みは大きな盛り上がりを見せており、メンバーも増え続けています。MOBIが掲げる、「モビリティをより安全で環境に優しく、誰にとってもより身近なものにする」という理念が、規模の大小にかかわらず、多くの組織の共感を呼んでいるのだと思います。

技術標準の作成から次のフェーズへ

バリンジャー　MOBIではすでに、この取り組みのカギとなる車両IDを含めた、いくつかの技術標準をリリースしており、次のフェーズに進もうとしています。

技術標準を作ったら、次はそれをどのように活用するかがポイントになります。そこで2020年6月に立ち上げたのが、オープンモビリティネットワーク（Open Mobility Network: OMN）です。これは、プロダクト開発のためのデータ共有や協業を行うための共有型データレイヤーです。

さらに、ブロックチェーンを利用したオープンなデータ取引市場のプラットフォーム、「サイトピア（Citopia）」もローンチしています。ここではすべての関係者がデータやアプリ、サービスなどをマネタイズすることができます。

我々が開発した技術標準を活用し、ＯＭＮというビジネスネットワークや、モビリティサービスや資産をマネタイズするためのデータ取引市場プラットフォーム、サイトピアを構築することが、次のステップです。

――ご自身が描いている全体像に照らし合わせて、現状のＭＯＢＩは何合目くらいに達していると見ていますか？

バリンジャー　これは私が一生をかけて取り組むほどの大きなプロジェクトですし、実際に全体が「完成」するかもわからないくらいです（笑）。

ただ、例えば技術標準の開発はかなり進んでおり、次のステップに進める状態にあります。技術標準は6つの分科会で進めています。柱となっている車両ＩＤ（ＶＩＤ）のほか、ＥＶと電力グリッドの融合（EV to Grid Integration: ＥＶＧＩ）、サプライチェーン（Supply Chain：ＳＣ）、コネクテッドカーのデータマーケットプレイス（Connected Mobility & Data Marketplace: ＣＭＤＭ）、金融・証券化・スマートコントラクト（Finance, Securitization and Smart Contracts: ＦＳＳＣ）、利用ベース自動車保険（Usage-Based Insurance：ＵＢＩ）などがあります。ＶＩＤについては、間もなく、またいくつかの技術標準をリリースしますし、のこりの技術標準も来年の第1四半期までにはリリースできると思います。技術標準の開発は、ほとんど終わりに近づいていると言えるでしょう。

一方、OMNについてはまだ始まったばかりで、全体像を設計しながらパートナーを広げているところです。MOBIのような分散型台帳（DL）のコンソーシアムはほかにもあるので、手を組んでいきたいと考えています。ネットワークが大きければ大きいほど取引量やデータが増え、生まれる価値も大きくなりますから。

サイトピアは、OMNよりは進んでいますが、技術標準の開発ほどは進んでいません。スマートフォンのiOS用とアンドロイド用の、安定したβバージョンアプリが公開されています。エコシステムの中でコインとして使える、専用のトークンもあります。間もなくベンチャーキャピタルからの資金を募ることになっていますので、さらに開発を加速化させたいと考えています。

アジアでは「スマートシティ」がキーワードに

――バリンジャーさんのご説明で、MOBIの現状がよくわかりました。深尾さん、アジアや日本ではMOBIはどのように捉えられていますか？

深尾　日本を含め、アジアの会員は増えていますし、関心も日に日に高まっていると感じています。コロナ禍でも、その勢いは衰えていません。

アジアでは、「スマートシティ」がキーワードになっています。アジアの各都市では、公害や交通渋滞など、都市化の問題が深刻化しています。ですから、特に大都市を抱える自治体が、都市化の問題を解決するためのソリューションとしてブロックチェーンに着目しています。

また、アジアの人口は他地域に比べて平均年齢が若く、スタートアップや自治体など、ＭＯＢＩに関係する人たちも若い人が多い。そのせいか、デジタルツインの存在意義をよく理解しており、それを使ってスマートシティを実現しようという議論が活発だと感じます。

――アジアの中では、どのような国・地域がどんな関心を持っているのでしょうか？

深尾　ＭＯＢＩのメンバーの中では、特に中国、台湾、シンガポール、韓国などの関心が高いです。官の側は、「スマートシティを構築する上でスマートモビリティが必要だから」という文脈で関心を持っていますが、産業界の関心のベースにあるのは5Gネットワークです。アジアではIoTの進展が非常に速い。典型的なのがシンガポールですし、技術的に強いのは台湾や中国です。つまり産業界の側も、スマートシティを構築するための技術的な実装がすでにできています。

デジタルツインはブロックチェーンがなくてもすでに存在していますが、デジタルツインにID（固有性）を持たせるためにはブロックチェーンが必要という感覚で捉えている人が多いですね。活用事例は国それぞれで違いますが、その目的は一致しています。

——新しい技術が出てくると、意欲を持った若い国が、古い資産を持っている先進国をあっという間に追い抜いてしまうという「リープフロッグ（カエル跳び）現象」という言葉があります。

これまで、「自動車といえば日本」でしたが、ブロックチェーンの時代が来ると、台湾や韓国などが日本を抜き去っていくような、リープフロッグ現象が起きる可能性があるとお考えでしょうか？

深尾　リープフロッグは、確かに起き得ると思います。

ただ、ブロックチェーンは技術であると同時に、新しい理念・概念であり、信頼のプロトコルです。人間の行動様式を変えるような概念だと言えます。例えばサイトピアのように、スマートフォンのアプリを入れることで人の行動の変容を促し、社会を変えていくようなソリューションでもあります。

ですから、ブロックチェーンは、社会がアップデートする引き金になるものではありますが、技術面で、リープフロッグ現象によってどこかの国が、日本を抜き去るといった類いのものではないように思いますね。

――バリンジャーさん、アジア市場はブロックチェーンと相性がいいと思われますか？欧州やアメリカと比べるとどうでしょうか？

バリンジャー　アジア、欧州、南北アメリカのいずれも、ブロックチェーンへの関心は非常に高いと思います。ＭＯＢＩの会員が、これら3つのエリアで均等に分布しているのも、それを表しています。

地域ごとに見ると、先ほど深尾さんも言及されましたが、アジアではスマートシティへの関心は高く、電気自動車を使ってより環境に配慮したモビリティを実現しようとしています。欧州では、サプライチェーンやＩｏＴが関心の中心にあり、米州ではデータベースの共有、つまり、現在各社縦割りで分断されているデータを統合することを目指しています。

――おもしろいですね。この動きを俯瞰して見ると、インターネットの誕生に匹敵するような、大きな潮流が起きようとしているという予感がします。

GAFAはMOBIをどう見ているのか

――ＧＡＦＡは、データを囲い込むことで市場を垂直方向で支配していますが、ブロックチェーンは分散や自律という、真逆の発想で成り立つ技術です。これまでＧＡＦＡが作っていた世界を壊しかねない技術でもあります。ＧＡＦＡはＭＯＢＩの動きを、どのように捉えているのでしょうか？　ブロックチェーンに、どう臨もうとしているのでしょうか？

バリンジャー　実は、現時点で一番新しいＭＯＢＩのメンバーはアマゾン・ウェブ・サービス（ＡＷＳ）です。アマゾンのような巨大な企業ですら、関心を持たざるを得ない状況にあるわけです。

これまでGAFAは、大量のデータを自社に集めて抱え込み、それを基に力を拡大してきました。それに対して、ブロックチェーンにおける競争優位性は、これまでと真逆の発想から生まれます。これは非常に大きな変化です。

人間のビジネスの歴史を長期的な視野で見てみると、実はその大半は、市場の中でコラボレーションに長けた者こそが競争優位性を獲得して勝者となる時代でした。サプライチェーンの枠組みの中で他者とコラボレーションして市場で独自性を出すことで力を得たものが勝者となっていました。

それが20年ほど前に突然変わりました。コラボレーションが勝者を生んでいた時代から、アルゴリズムを使って巨大なデータを集める者こそが、市場を席巻する力を持つ時代になったのです。

ブロックチェーンは、流れを再び、コラボレーションが競争優位性をもたらす時代にシフトする力を秘めています。データの独占ではなく、コラボレーションに基軸が移る。そしてそのコラボレーションの規模も、かつてないほど大きく、そこから得られた大量のデータは優れたアルゴリズムを生み、さらに良いサービスを顧客にもたらすことができるようになります。

だからこそGAFAは、ブロックチェーンに大きな関心を寄せているのです。その関心には2面性があります。彼らにとってブロックチェーンは、脅威でもありチャンスでもあるのです。既存のビジネスモデルに対する脅威でありながら、新しいコラボレーション型経済の中でチャンスが生まれるかもしれないからです。かつてないほどの、巨大なポテンシャルを持ったビジネスモデルを生むことができるかもしれないと見ているのではないでしょうか。

——なるほど。確かにそうかもしれません。MOBIは大きな可能性を秘めたムーブメントだと思うのですが、将来はどのような形を目指しているのでしょうか？

バリンジャー　モビリティを基軸とした新しい経済を形作るムーブメントの中心となる、オープンで、コラボレーションを基本とした組織であってほしいと考えています。そして、「モビリティをより安全で環境に優しく、誰にとってもより身近なものにする」というビジョンを実現してほしいですね。様々な業界の、非常に頭の良い人たちが、モビリティやブロックチェーンに関わり高い関心を持ち続けてくれていますので、可能だと思います。

さらに、都市の抱える困難な課題を解決するためのスマートシティ推進にも貢献し、人々の生活をより良くしてほしいです。

コロナ禍で加速した変化

——コロナ禍が始まる前と後で、ＭＯＢＩの活動は変化したでしょうか？　コロナ禍はＭＯＢＩにとって、追い風になっているでしょうか、向かい風になっているでしょうか。

バリンジャー　コロナ禍前に存在していたトレンドは、さらに加速していると感じています。特にデジタル化、デジタルツインの流れがさらに進みました。これは「加速せざるを得なくなった」とも言えます。例えば以前のように、人と会ったりモノを触ったり試したりできなくなりましたから、車を買う時にも、ショールームに行って車を見たり試乗したりすることが難しくなりました。

実はコロナ禍が始まった時、私は「これからＭＯＢＩはどうなるのだろうか」と不安を感じていました。通常、売り上げが減少したり景気が悪くなったりすると、企業は真っ先に研究開発費を削ろうとします。ですから、ＭＯＢＩの取り組みのような研究開発支出を削減しようとする会員企業が出てくるのではないかと思ったのです。

しかし実際はそうなりませんでした。会員は減っていませんし、多くの企業は撤退するどころか、関心がさらに高まっています。多くの大手企業の経営層が、「ブロックチェーンを活用したモビリティこそが、これから進むべき道だ」と考えているようです。実際、この分野の研究開発費は増えていますし、取り組みも加速しています。

深尾 私もそう思います。加えて、2つの点でコロナ禍はMOBIを取り巻く環境に影響を与えたと感じています。

1点目として、コロナはデジタルツインの存在価値を高めたと思います。人とモノの動きが抑制される中でも、デジタルツインは動くことができます。日本でもこれまで、「ソサエティ5・0（Society 5.0）」の中で議論されてきたように、デジタルツインを活用して実世界を変えることができるのです。そしてコロナ禍の中で、「デジタルツインが本当に信用できるのか」という問いへの関心が高まり、そのソリューションとしてブロックチェーンに注目が集まっています。

もうひとつの着目すべき点は、価値観の変化です。かつては、企業は売り上げや利益を伸ばすことを、国は「GDP至上主義」と言われるほどに経済成長を重視してきました。しかしコロナ禍の中では、自分の健康が人の健康に影響を与えるような状況になっています。経営者は、従業員の健康に配慮しなくてはなりませんし、そういった配慮をしていない会社には投資しないという機関投資家も出てきているほどです。社会全体が、SDGsやサステイナビリティについて考えるようになっています。企業や政府のサービスも、限られた一握りの人だけではなく、できるだけ多くの人々が恩恵を受けるべきだという、インクルージョン（包摂性）に焦点が当たるようになってきています。これはブロックチェーンの理念や思想に合致しています。

――バリンジャーさん、アメリカではどうでしょうか？　最近、ブロックチェーンについてはメディアであまり取り上げられないのですが、ブロックチェーンの重要性は認識されてきているのでしょうか？

バリンジャー　最近、メディアでブロックチェーンについて取り上げられることが少なくなっているのは健全なことだと思います。

こうした先進技術に対する人々の関心には、一定のサイクルがあるように思います。革新的な技術が生まれると、その初期には過大評価され、長期的には過小評価される傾向があるのです。

ブロックチェーンも、当初は「これで一気に大金持ちになる」「生活がこんなに劇的に変わる」といった、息をのむほど驚きのある取り上げ方ばかりでしたが、いよいよ初期の段階を過ぎて、「この技術がどのように企業や家庭で実装され活用されていくのか」といった、より長期的視野に立った、抑制のきいた取り上げ方が中心になっているように感じます。

確かにブロックチェーンは、パソコンやインターネットの登場に匹敵するような、大きな変化をもたらす潜在性はあると思っていますが、メディアが現時点で大きく取り上げていないというのは、正しいことなのではないかと思います。

――さきほど深尾さんは、「デジタルツインの信頼性」に触れられていましたが、デジタルツインの推進において、日本で何らかの規制が壁になっているという印象はありますか？

深尾　私はそれほど日本の規制についてはくわしくありませんが、デジタルツインは、すでに自然に生まれているものなので、そこに規制が及ぶということはありません。

日本における規制というと、世界的にもそうですが、フェイスブックのリブラが登場して以来、「中央銀行によるデジタル通貨が流通し始めたら規制すべきか」「日本がそれを作るべきか」といった議論はあります。

ただ、スマホを持った時点で人のデジタルツインは存在しています。モノのデジタルツインの作り方をＭＯＢＩは車バージョンでやっているわけですが、それを規制するものはないと思います。

なぜ世界はテスラに注目するのか

――バリンジャーさんはトヨタに長くお勤めで、日本の状況についてもくわしいと思います。日本の自動車産業、モビリティ産業をどのように見ていますか？　また、欧米の方々は日本のモビリティ産業の現状をどのように見ているのでしょうか？

バリンジャー　日本の自動車産業は世界の驚異とも言えます。小さな島国が、どのようにして、世界有数の素晴らしい車を作ることができるようになったのか。保護政策や関税、数量割り当てなどの障害を越えて実現できたのは、まさにサクセスストーリーと言えると思います。

確かに、天然資源や輸出できる農産物に恵まれない中、モノづくりに特化するしかなかった面はあります。しかし、トヨタなどのメーカーがこれほど自動車製造に長けるようになったのは、非常に日本らしいやり方に秘密があると思います。

自動車製造というのは、非常に裾野が広く広範なサプライチェーンを持ち、その中で協力関係を進めることが求められるため、大変複雑な産業構造を持っています。そしてそのネットワークの中で協力関係を進めるという文化が、日本の自動車産業を世界有数のレベルに押し上げました。

ただ、現在日本の数々の自動車メーカーを抜き去り、最も市場価値の高い自動車メーカーになっているのはテスラです。それは、テスラが信頼性の高い自動車を生産しているからでも、テスラのテクノロジーが素晴らしいからでもありません。

今の資本主義市場で時代の寵児となっている理由は、テスラが「データ企業」と見られているからです。投資家たちはテスラを自動車企業や電気自動車メーカーとは見ていません。グーグルやアップル、フェイスブックと同じカテゴリーとみなしているのです。

コネクテッドカーから得られるデータを持っているということは、モビリティサービスを提供する上で非常に大きなアドバンテージになります。新たなモビリティ経済の中で大きな利益を得られるからです。

既存の自動車メーカー、特に日本の自動車メーカーにとっての最も大きなチャレンジは、「どうしたらテスラなどのデータ企業に勝てるのか」になります。しかもこれらのデータ企業は、20年以上も前からデータに注力し続けており、すでにこの分野のエキスパートになっています。

ここでカギとなるのがブロックチェーンです。

日本の自動車メーカーが単体で持つデータ量には限りがあります。しかし、多くの企業が参加し、データを共有するビジネスネットワークが実現すれば、巨大なデータプールや、自動運転に必要な、優れたアルゴリズムを得ることができます。そして、「協業ネットワークの中で協力関係を築きながら競争優位性を磨くことに長けている」という、もともと日本の自動車メーカーが持っていた強みを活かすことができます。

ブロックチェーンという技術と、日本が持っている強みを組み合わせれば、非常に大きな競争優位性を獲得することができるのではないかと思います。また、そうあってほしいと願っています。

――非常に興味深い説得力のある考察です。日本の自動車メーカーにとっても、大きな希望になりますね。

ただその一方で、テスラのような企業がブロックチェーンを導入すれば、最強のモビリティ企業になる可能性があるとも言えるのではないでしょうか？　テスラはＭＯＢＩに関心を示しているのでしょうか？

バリンジャー　現時点ではまだ、テスラからのコンタクトはありません。でもいつかはMOBIに加わってくれるといいと思っています。

テスラは、今のところは必ずしもシェアードビジネスが得意な企業であるとは言えませんが、もし加わってくれれば、あっという間に協業関係を築く力を付けると思います。非常に動きが速く、新しい技術を身に付けることを得意としていますから。

日本メーカーに求められるDX

――深尾さん、アジア企業の方は、日本の自動車メーカーをどう見ているでしょうか？

深尾　日本の自動車メーカーの強みに関するクリスさんの指摘は、本当にその通りだと思います。

1つ追加すると、トヨタをはじめとした日本の自動車メーカーの強みは、「安くて品質の良い車を、ディーラーが丁寧に売っていた」というところにあったと思います。私はこの、「ディーラーが丁寧に売っていた」という部分が、非常に特徴的だと捉えています。

現在、日本の国内ディーラーは再編のさなかにあります。日本の人口が減少しているので、これは仕方がないことなのですが、それによって没個性になっているのは非常に問題です。

クリスさんの言う、「データを持つことの強み」という観点で言うと、日本の自動車ディーラーが何世代にもわたって丁寧に車を売ることで蓄積してきた管理顧客のデータは、非常に大きな強みです。ただ、そこにはブロックチェーンを含めたデジタルトランスフォーメーションが求められているのではないでしょうか。

僕はそれが、日本の自動車メーカーの次の発展のカギになると思います。これが成功すれば、この手法は「日本モデル」として海外に発信できるほどの強みになるのではないかと、期待も込めて見ています。

これからのモビリティでは、モノを動かすことから価値を動かすことへと、発想の転換が求められます。その価値の源泉は地域データです。固有性の高い地域データを司るのはディーラーであり、ニューノーマル時代のビジネスで本領を発揮します。

これまでの日本の自動車メーカーの強みは、「安くて品質の良いクルマを作ること」と「丁寧に売る」ことのバランスが取れていたところにありました。それが今は、「ものづくり」に偏っているという気がします。車が画一化しているだけでなく、ディーラーのモビリティサービスそのものも画一化させようという動きがあり、個性を打ち消してしまっている。そこが問題です。

自動車メーカーがもう一度、「丁寧に売る」ことを磨き上げれば、日本の中で成長の可能性があるはずです。車を売ること以外のサービスはできているわけですから。

――そもそもブロックチェーンの安全性が担保され、自律が可能であることの背景には、多くのデータマイナーの監視によって分散台帳を実現しているからだとも言えます。車でブロックチェーンを活用する上で、データマイナーの不足など、データマイニングの問題は生まれないのでしょうか？

バリンジャー　自動運転の開発における競争優位は、運転データをたくさん得てアルゴリズムを磨くことから生まれます。

テスラの車には多くのセンサーがついており、そこから得られたデータを本社で収集しているので、テスラが抱えるデータの量は膨大だと見られています。グーグルで自動運転車開発を行っているウェイモも、多くのテストやシミュレーションを行いながら膨大なデータを収集しています。

データの共有が可能な、コラボレーション型ビジネスネットワークを活用すれば、大きな競争優位性を獲得することができます。参加者それぞれが持っているデータにアクセスすることができる、連邦型の機械学習であれば、よりたくさんのデータを活用できるからです。それこそが、将来の自動運転のあるべき姿だと思います。

一方、これまでの流れを見ていると、自動運転の開発はある意味行き止まりに向かっていたと言えます。なぜなら、これまで開発されてきたアルゴリズムは、それぞれの車を単体のユニットとして動かそうとしていたからです。しかし実際には、ローカルネットワークにつながって、周りを走るほかの車の情報も併せて活用する方が、より安全で高度な運転が実現できます。

ここでもデータマイニングは、競争優位性のカギとなります。しかしそれは、現在考えられているようなデータマイニングとは異なるものになるでしょう。

データマイニングは、縦割りで区切られたサイロ型のものではなく、ネットワークからエッジ（ネットワークの末端）に移り、それぞれ走っている車両やその周辺のインフラとコミュニケーションを取るという部分にまで拡大されます。そこではデータマイニングは、リアルタイムでマッピングや脅威の測定、渋滞や危険情報、他の車両の接近・衝突情報などを行うために活用されます。

ですから、データやデータマイニングがカギであることには変わりありませんが、既存のものとは異なる種類のデータマイニングが競争優位性につながるカギになるでしょう。

もちろんここでも、ブロックチェーンとの組み合わせが重要になります。データを共有し、安全なIDを割り当ててエッジ同士で確認しないと信頼性は担保できませんから。

日本人が得意な「信頼のプロトコル」

――最後に、読者へのメッセージをお願いします。

バリンジャー　私たちの活動に関心を持っていただくとともに、本書を楽しんでほしいと思います。この本は、ブロックチェーンやモビリティで今、何が起こっているかを知るための、貴重な本になると思います。

深尾　私からは、ここで、日本人がなぜブロックチェーンと相性がいいのかについてお話ししたいと思います。

日本人は古代から、信頼のプロトコルを新たに創ったり、ドラスティックにアップデートしたりすることを得意としてきました。なぜなら、日本の社会の形成は、疫病との共存・戦いだったからです。そしてそれは、日本の津々浦々にある神社に神話として凝縮されて残されています。

見えないものや、人知を超えたものが突然やってきて、社会がダメージを受けると、神社を建てて、それに対してある種の「間接的互酬性」(Indirect Reciprocity：社会に何か良いことをすると、ゆくゆくは自分に良いことがおきるという考え方)を持ちながら共存共栄するという精神がありました。また、京都祇園祭のように、疫病(ウイルス)を手懐けるのは日本の文化です。

サトシ・ナカモトという、日本人のような名前を持つ人がブロックチェーンをもたらしたのは、ある意味必然だったように感じます。インターネット社会に欠けていた信頼のプロトコルをもたらしたという意味でも、ブロックチェーンは日本人の発想に近いものだと思います。

過去20年間、シリコンバレーが世界の中心であり、日本の企業経営者はシリコンバレーを羨望のまなざしで見ていました。しかし、そこで生まれた技術が日本人や日本にふさわしいものだったかというと、私は実はそうではなかったのではないかと見ています。

コロナ禍における日本の政府や企業の動きを見ていても感じますが、これまで多くの人が、あれほどシリコンバレーについて学んでいたにもかかわらず、デジタル化はあまり進んでいませんでした。

自動車産業もそうですが、今、日本ならではの産業モデルを作りやすくなってきています。牽引するのは、1つは地域経済の活性化、もうひとつは循環型経済の構築です。これは、日本国内で実現が可能で、例えば自動車ディーラーのように、地元のデータを持っている人たちが作っていけるのではないでしょうか。

日本の自動車産業は、危機をチャンスに変えられる局面にあります。そのカギがブロックチェーンなのです。新型コロナという危機を、ブロックチェーンを活用してチャンスに変えられるはずです。現在、自動車産業の経営状況は苦しいですが、このチャンスを活かすことで、復活を遂げるための新しい糸口が見えてくると思います。だからこそ私はMOBIの活動を続けたいのです。

あとがき――深尾三四郎

自動車アナリストの私が、ブロックチェーンとMOBIに関心を持ったきっかけは、2019年にクリスさんに出会って、クリスさんのトヨタ在籍時代からのブロックチェーンの取り組み、そしてMOBI設立の想いを聞いたことでした。

それからというもの、ブロックチェーンのことを知れば知るほど、自分の先祖のふるさと、そしてそこを発祥とする、いわゆる「三方よし」の精神に通じるものを感じてきました。新しいものに出会ったというより、むしろ何か懐かしいものに出会ったような不思議な感覚を覚えるとともに、MOBIを通じてブロックチェーンの世界観を、できるだけ多くの人々と共有しなければならないと、ある種の使命感を持っています。大学で経済学を専攻していた文系の私にとっては、高度な暗号技術をベースとするブロックチェーンの理解にまだ苦戦していますが、強い情熱でこの本を執筆しました。

私はブロックチェーンに強く惹かれるDNAを持っています。それはなぜかをお伝えするため、私のふるさとのルーツや「三方よし」について、少しご紹介したいと思います。

東京生まれの私の本籍地は、滋賀県近江八幡市、かつては蒲生郡と言われた地域にある、安土という琵琶湖畔の小さな町です。安土桃山時代、天下統一のために美濃から移住した織田信長が城を築いた場所として有名な土地ですが、私の先祖は、その織田信長の時代よりはるか昔、今からおよそ900年前からこの安土（当時は近江国蒲生郡佐佐木庄）を守る、近江源氏あるいは佐佐木源氏と言われた軍事貴族でした。小さい時から先祖の墓参りで安土を訪れる度、この土地の独特な空気感を愉しむとともに、町の中心である沙沙貴神社を氏神とし、私の一族と同じ家紋を持つ先人たちのエピソードに興味を抱いていました。

今から約500年前の1549年（織田信長が安土に来る前）、近江国守護大名の六角定頼は、今の安土にあった観音寺城の城下町で商いの自由化政策である「楽市令」を出し、いわゆる「近江商人」を生む基礎を築きました。六角氏の家臣で「三井家の家祖」である三井高利の祖父・三井高安は、織田信長に敗れて伊勢・松坂に移住するまでは安土で武士をしていました[1]。

伊庭貞剛は日本初の環境・CSR経営と言われる、別子銅山での植林事業を始めたことで「住友中興の祖」となり、大阪商業講習所（後の大阪市立大学）を五代友厚らと創設しました。明治時代の陸軍大将で学習院長も務めた乃木希典。探検家の間宮林蔵。最近では、アサヒビール中興の祖である故・樋口廣太郎氏。これら安土の先人の行いや言葉の根底には、社会やコミュニティを良くしようとする思想があり、今で言うSDGsやCSRに通じるものがありました。

そして、400年以上前から、安土はイタリアと交流を続けています[2]。1580年、織田信長がイエズス会のイタリア人宣教師アレッサンドロ・ヴァリニャーノ神父（Alessandro Valignano）に、日本で初めてのセミナリヨ（カトリック中等教育学校）を安土に開校することを許可したことがその始まりです。当時の世界的なファッションである、ルネッサンスの文化や風習が安土を中心に近江に流れ込み、安土城天守閣のデザインに影響を与えたばかりでなく、複式簿記の概念も上陸しました[3]。

ヴァリニャーノ神父は織田信長の代理でローマ法王に安土城を描いた屏風を献上した後、天正遣欧使節とともに活版印刷機も日本にもたらしました。さらに、安土のセミナリヨは長崎・有馬のセミナリヨとともに、日本の学校教育（リベラルアーツ教育）の原点と言われています[4]。

このように、私のふるさとである近江・安土は、社会的責任の概念や、樋口廣太郎氏の言う「前例がない、だからやる」といった過去経験則にとらわれないフロンティア精神、異文化への寛容性、そして教育へのこだわりで特長づけられる、不思議な場所です。

このような土地で生まれた「三方よし」の精神は、近江商人の特性として一般的に、「売り手よし、買い手よし、世間よし」と表現されています。実は「三方よし」は近江商人が口にした言葉ではなく、歴史文献にも存在しません[5]。ただ、最近つくられた「三方よし」というキャッチフレーズで表す精神は、近江人の数々の活動や言葉から垣間見ることはできます。

少ない自己資金での事業拡大とリスク分散を図った、合資制度による組織体形成を意味する「乗合商い」。上方の商品を地方で販売した上で、地方の物産（原材料）を仕入れて上方へ販売しながら持ち帰るという意味で、経営の効率化と地方に貨幣を残すことを目的とした「持ち下り商い」。自らの努力で得た功徳を自らが受けるとともに、他者のためにも利益を図るという仏教用語「自利利他」。人知れず神社仏閣へ寄付するといった社会的善行の「陰徳善事」。そして、利益は目的ではなく、社会的任務を果たしたことに対する恩恵であって、結果として後からついてくるものという意味の「利は余沢」。これらの言葉に、近江人の神髄があります。

とりわけ、「三方よし」の精神の中核をなすのが「利は余沢」です。江戸末期から明治期の近江にて生まれたこの精神は、当時欧州から日本にも流れ込んだプロテスタンティズムの職業倫理や資本主義の精神に、（神が存在しない）仏教の精神を融合させて、日本人に合わせてアレンジしたようなものです。すなわち、商業があって生産と消費が調和しているのだから、商業はこの世の調和を司る神の御旨に適う業であるというものであって、商人が物資の流通に従事するのは神の御旨に適った社会的役割を遂行することである。流通活動の結果、神から恩寵として与えられるのが利益である。「利は余沢」は、このようなプロテスタントの職業倫理に酷似します。

持続可能な発展のエッセンスである、サステイナブル経営の追求と、社会奉仕を重視した思想が、古くから近江には根付いています。そして「三方よし」の経営には、分散型ネットワークで「個」の能力を引き出しながら合理性を求め、コミュニティや社会全体で価値を共有・流通しようとする概念、そして、共存共栄や互酬の精神があり、ブロックチェーンの概念・思想に相通ずるものがあります。

このような土地で代々伝わるDNAを持った私は、500年前から続くこのふるさとの独特な風土・文化と、500年ぶりの大変革をもたらしているブロックチェーンに共通点を見出しました。私がブロックチェーンに強く惹かれた所以はこういうことにありますが、ブロックチェーンが日本・日本人にとって親和性の高い技術・概念であると信じています。

本書の執筆をサポートしてくださったクリスさんに深く感謝します。クリスさんとの最初の会話・会食では、大学の専攻や金融マンとしてのキャリアが自分と同じだったということで、経済学の話題で盛り上がったのを覚えています。私の母校LSE出身のロナルド・コース教授の取引コスト経済学といったテーマに加え、LSEでも教鞭を執ったジョージ・アカロフ教授がクリスさんのUCバークレー時代の担当教官だったということもあり、モビリティにおける「情報の非対称性」の解決策として、ブロックチェーンを活用する意義を共に追求しています。そして、私は20年前に持続可能な開発や二酸化炭素排出権取引を本場であるLSEで学びましたが、ブロックチェーンと密接に関わるこれらテーマがようやく、自分のライフワークにつながることに、クリスさんとMOBIコミュニティが気づかせてくれました。

また、今まで私が巡り合った「トヨタマン」の中でも、クリスさんは誰よりもトヨタのことを親身に考えている方で、日本人よりもトヨタそして日本企業を理解されていることに感銘を受けました。その高い理解力・洞察力の背景に何があるのかという探求心から、（アナリストの性か）色々質問してみたところ、興味深いファミリーストーリーを教えてくれました。

米ペンシルベニア州フィラデルフィア出身のクリスさんは、クリスさん誕生前の195

3年に同地を訪れた明仁上皇(当時は皇太子)がお母様とトラクターに一緒に乗った時の写真を、幼い頃からよく見せてもらっていたとのことです。そして、大変流暢な英語を話す明仁皇太子は、トラクターを自ら運転し、牛の乳搾りもされ、お母様と趣味のスキーの話をしたこと、クリスさんのご両親と一緒にランチを共にしたことなど、楽しいひと時を過ごしたというエピソードも聞かされたそうです。当時、クリスさんのご両親が同居していたおじい様の家は、フィラデルフィア近郊で酪農場を経営されていました。戦後初めて欧米外遊された明仁皇太子は、幼少期の英語家庭教師だったエリザベス・ヴァイニング夫人(Elizabeth Vining)の自宅に滞在かたがた、日本からの派遣団とともに、夫人の友人であったクリスさんのご実家で近代農業を体験されたということです。フィラデルフィアと日本の交流は1860年に始まり、戦後はこの皇太子訪問がきっかけで、日米友好関係の再構築が始まったとのことです。クリスさんが日本とトヨタを想うのは、DNAがそうさせているのだと私は思いました。

クリスさんの壮大なプロジェクトであるMOBIを、微力ながら私もサポートしたいと決意したのは、クリスさんの想いや考えが、日本と日本経済を代表する自動車産業に必要だと感じたからです。予期せずして、私の前作『モビリティ2・0』でMOBIを取り上げたことが、クリスさんとMOBIコミュニティとの出会いにつながりました。自分のふるさと・ルーツの気づきやライフワークも与えてくれた、このご縁に本当に感謝しており、これからもできる限り永く続けたいと思います。

本書は、クリスさん以外にも、ＭＯＢＩメンバーを中心に数多くの方々のサポートがあったからこそ、世に出すことができました。本書執筆にあたり、以下の方々とのディスカッションや情報交換を通じて、ブロックチェーンや次世代モビリティについて理解を深めることができました。お名前を挙げて御礼申し上げます。

（アルファベット順、肩書は取材当時、*はＭＯＢＩ会員組織）

ティム・ボス氏（Tim Bos, Co-Founder and Chairman, ShareRing）*
ヨルグ・ベッチャー氏（Jörg Böttcher, Vice President, Automotive Division, Honda R&D Europe）*
プラプル・チャンドラ氏（Prof. Praphul Chandra, Founder and CEO, koinearth）*
ライアン・チュウ氏（Ryan Chew, Managing Partner and COO, Tribe Accelerator）*
ホックライ・チア氏（Hock Lai Chia, Co-Chairman, Blockchain Association Singapore）
朱宜振氏（Lman Chu, Co-Founder and CEO, BiiLabs）*

クリス・ダイ氏（Chris Dai, CEO, Recika Co., Ltd.）

ダミアン・デクラーク氏（Damien Declerq, Founder and CEO, Spring Mobility GmbH）

土居崎寿滋氏（Hisashige Doisaki, General Manager, Telematics&Mobility Service Business Development, Aioi Nissay Dowa Insurance Co., Ltd.）*

クリスチャン・フェッリ氏（Christian Ferri, CEO, GEER）

マイケル・フィリポウスキー氏（Michal Filipowski, Engineering Group Manager -iHUB and Open Innovation, General Motors）*

アンドレアス・フロイント氏（Andreas Freund, Blockchain Swiss Army Knife, ConsenSys）*

藤本守氏（Mamoru Fujimoto, Representative Director and CEO, SBI R3 Japan Co., Ltd.）*

ジェレミー・グッドウィン氏（Jeremy Goodwin, CEO, SyncFab）*

林亮太郎氏（Ryotaro Hayashi, Planning & Administration Dept., General Products & Realty Company, ITOCHU Corporation）

セバスチャン・エノ氏（Sebastien J.B. Henot, Senior Manager, Digital Business Integration, Accenture Digital）*

カーティス・ホッジ氏（Kurtis Hodge, Economist, Local Motors Inc.）

池本明央氏（Akio Ikemoto, Senior Sales Manager, Global Automotive-Japan. Amazon Web Services）*
今井秀樹名誉教授（Hideki Imai, Emeritus Professor, The University of Tokyo）
ダレン・ジョブリング氏（Darren Jobling, CEO, ZeroLight）
キット・カー氏（Kit Ker, Deputy Director, Enterprise Singapore）*
北山浩透氏（Hiroyuki Kitayama, Automotive Industry CTO, Distinguished Engineer/Technical Director, IBM Japan Ltd.）*
クリスチャン・コーベル氏（Christian Köbel, Senior Project Engineer, Honda R&D Europe）*
小峰康裕氏（Yasuhiro Komine, General Manager, IT Innovation Promotion Division, Honda Motor Co., Ltd.）*
ヨハネス・クレプシュ氏（Johannes Klepsch, Product Owner Emerging Tech & DLT, BMW Group）*
ヨサポン・ラオーヌン氏（Dr. Yossapong Laoonual, President, Electric Vehicle Association of Thailand EVAT）
リチャード・マー氏（Richard Ma, Co-Founder and CEO, Quantstamp）*

スヴラニル・マジュンダー氏（Suvranil Majumdar, Lead at IFC, World Bank Group）

松浦幹太教授（Kanta Matsuura, Professor, Institute of Industrial Science, The University of Tokyo）

グレゴリー・メイ氏（Gregory May, Managing Director, Continental Tire Japan）*

プラミタ・ミトラ氏（Pramita Mitra, Pd.D., Research Supervisor, IoT&Blockchain, Ford Motor Company）*

デーヴィッド・ノーク氏（David Noack, Blockchain Specialist, Continental AG）*

岡部達哉氏（Tatsuya Okabe, Dr.-Ing., General Manager, Advanced Software Development Dept., Denso Corporation）*

岡本克司氏（Katsuji Okamoto, CEO, Kaula Inc.）*

ロビン・ピリング氏（Robin Pilling, Head of Product, Mobility Blockchain Platform, Daimler Mobility）

ブルース・ポン氏（Bruce Pon, Founder and Board Member, Ocean Protocol Foundation Ltd.）*

アイシュワリヤ・ラマン氏（Aishwarya Raman, Associate Director, Ola Mobility Institute）

ラジャット・ラジバンダリ氏（Rajat Rajbhandari, CIO, Co-Founder and Board Member, dexFreight）
ダグラス・ラムゼー氏（Douglas Ramsey, Partner, HYT Global Advisors）
ハッリ・サンタマラ氏（Harri Santamala, CEO, Sensible4）
プニット・シュクラ氏（Punit Shkla, Project Lead in AI and Blockchain, World Economic Forum）＊
アン・スミス氏（Anne Smith, Head of Mobility and Automotive, IOTA Foundation）＊
ベン・スタンレー氏（Ben Stanley, Global Research Lead, Automotive, Aerospace & Defense, IBM Institute for Business Value）＊
多田直純氏（Naosumi Tada, Representative Director and President, ZF Japan Co., Ltd.）＊
高田充康氏（Michiyasu Takada, Head of Blockchain Unit, IBM Japan Ltd.）＊
高橋絢也氏（Junya Takahashi, Dr.Eng., Department Manager, Center for Technology Innovation, Hitachi Ltd.）＊
テレンス・タン氏（Terence Tan, Lead Consultant, Geospatial Specialist Office, GovTech Singapore）
アレックス・タプスコット氏（Alex Tapscott, Co-Founder, Blockchain Research Institute）

建守進氏（Susumu Tategami, Managing Director and CEO, Aioi Nissay Dowa Services Asia Pte. Ltd.）*
田野氏（Wayne Tian, Overseas Operations Director, CPChain）*
丁彦允氏（Martin Ting, President, 7Starlake Co., Ltd.）
宇田康一郎氏（Koichiro Uda, Partner, HYT Global Advisors）
リスト・ヴァートラ氏（Risto Vahtra, Founder and CEO, HIGH MOBILITY）
トルステン・ヴェバー氏（Thorsten Weber, CEO, ZF Car eWallet GmbH）*
ホルガー・ヴァイス氏（Holger G. Weiss, Founder and CEO, German Autolabs）
アレン・ウォン氏（Allen Wong, Director of Innovation, Japan, MRM Worldwide Inc.）
山田宗俊氏（Munetoshi Yamada, Corda Evangelist, Head of Business Development Dept., SBI R3 Japan Co., Ltd.）*
张建华氏（Allen Zhang, 销售总监、人工智能体系、百度）
尹志芳氏（Prof.Yin Zhifang, 博士 副研究員、中國交通運輸部科学研究院城市交通研究中心）*

前作に続き、本書も編集して下さった日経BP日本経済新聞出版本部の赤木裕介さんには、執筆にあたり的確な指摘や助言をいただきました。また、日本経済新聞社の中山淳史コメンテーターは、日頃から、自動車産業やデジタル技術の最新動向について意見交換させていただいています。お二人にサポートしていただいた前作が、クリスさんとMOBIとの出会いにつながり、私をブロックチェーンの世界へ誘ってくれました。本を書くことの素晴らしさを教えていただいたことにも、深く感謝いたします。

伊藤忠商事と伊藤忠総研の諸先輩や同僚にも感謝いたします。特に、的場佳子・伊藤忠商事執行役員調査・情報部長と秋山勇・伊藤忠総研代表取締役社長は、私のMOBIの活動や本書執筆を応援して下さり、また、色々と社内調整でお力添えいただきました。おかげさまで、自由に調査・執筆活動ができました。ありがとうございます。伊藤忠発祥の地、近江のDNAを持つ者として、伊藤忠グループの皆さんとも「三方よし」を追求していきたいと思います。

2020年3月に京都大学大学院経済学研究科教授を退官された塩地洋先生には、大変貴重なご教授と広範なネットワークをご提供いただいたことで、日本とアジアの自動車産業の理解を深めることができました。新型コロナウィルスの感染リスク回避のため、残念ながら、先生の最終講義と定年退職送別会は中止となり、同会発起人のひとりとして祝辞を述べることができませんでした。この場をお借りして、厚く御礼申し上げます。先生が主宰された京都大学アジア中古車流通研究会の最終会合で、ブロックチェーン・モビリティについて講演の機会を頂戴したことは、大変光栄でした。

英ジャーディン・マセソン商会（Matheson & Co., Ltd.）のジェレミー・ブラウン元取締役（Jeremy John Galbraith Brown）は、ロンドンでの大学生時代から、語学力と国際感覚の研鑽をサポートして下さった、私の人生の師です。パンデミックが落ち着き、自由に訪英できるようになりましたら、本書を持ってスコットランド・ダンフリーズの邸宅にまた伺って、色々と議論できる日を楽しみにしています。

最後に、英国留学に挑戦することを許してくれた両親に感謝します。LSEで学んだことがようやく、ライフワークに活きるようになりました。父が43年前にビジネススクールのIMDで学んだスイスとの縁は、ブロックチェーンの世界観やコミュニティの理解の一助となりました。

本書の出版契約を締結し、執筆活動を始めた3月23日は、東京都知事が記者会見で「3密」という言葉を初めて発し、緊張感が高まり始めた時でした。それから4か月余りの私の執筆活動は、先の読めない不安な日々を過ごす妻・綾子に多大な負担をかけました。にもかかわらず、前作同様に献身的にサポートしてくれました。妻の理解なくして、本書は完成しませんでした。ありがとう。もうすぐ5歳の息子・英一郎は、星とブラックホールに興味津々ですが、最近、言い間違えか父親の影響か、たまに「ブロックチェーン」とつぶやきます。Z世代の彼が大きくなって、本書を批評してくれる日を楽しみにしています。

2020年7月26日　コロナ禍が続く、東京・渋谷の自宅にて

第6章

- Akerlof, George A. (1970) "The Market for "Lemons": Quality Uncertainty and the Market Mechanism," *The Quarterly Journal of Economics*, Vol.84, No.3, pp.488-500

第7章

- Botsman, Rachel and Rogers, Roo (2011) *What's Mine Is Yours: How collaborative consumption is changing the way we live*, London: Collins
- Caldecott, Ben eds. (2018) *Stranded Assets and the Environment: Risk, Resilience and Opportunity*, Abingdon, United Kingdom: Routledge
- Hess, Charlotte and Ostrom, Elinor, eds. (2007) *Understanding Knowledge as Commons: From Theory to Practice*, Cambridge, MA: MIT Press
- Ostrom, Elinor (1990) *Governing the Commons: The Evolution of Institutions for Collective Action*, Cambridge, United Kingdom: Cambridge University Press
- 宇沢弘文『自動車の社会的費用』岩波書店、1974年

第8章

- Bris, Arturo et al. (2019) *IMD Smart City Index 2019*, The IMD World Competitiveness Center, https://www.imd.org/research-knowledge/reports/imd-smart-city-index-2019/
- NITI Aayog (2020) *Blockchain: The India Strategy*, https://niti.gov.in/node/1056
- Raworth, Kate (2017) *Doughnut Economics: Seven Ways to Think Like a 21st-Century Economist*, White River Junction, VA: Chelsea Green Publishing.
- Schumacher, E.F. (1973) *Small is Beautiful: A Study of Economics as if People Mattered*, London: Blond & Briggs Ltd.
- 中国信息通信研究院, *区块链赋能新型智慧城市白皮书(2019)*, 8 November, 2019, https://blog.csdn.net/zhouzhupianbei/article/details/103506824（2020年7月20日アクセス）

あとがき

- Weber, Max (1930) *The Protestant Ethic and the Spirit of Capitalism*, London: Allen and Unwin
- 宇佐美英機『近江商人研究と「三方よし」論』滋賀大学経済学部付属史料館研究紀要 48号、2015年
- 宇佐美英機編『初代伊藤忠兵衛を追慕する 在りし日の父、丸紅、そして主人』清文堂、2012年
- 木本正次『伊庭貞剛物語』愛媛新聞社、1999年
- 小倉榮一郎『近江商人の経営』サンブライト出版、1988年
- 小倉榮一郎『近江商人の金言名句』中央経済社、1990年
- 末永國紀『近江商人中村治兵衛宗岸の『書置』と『家訓』について』同志社商学 第50巻5･6号、1999年
- 樋口廣太郎『わが経営と人生』日本経済新聞社、2003年
- 星野靖之助『三井百年』鹿島出版会、1968年
- 村井祐樹『六角定頼 部門の棟梁、天下を平定す』ミネルヴァ出版、2019年

参　考　文　献

第1章

- Coase, Ronald (1937) "The Nature of the Firm," *Economica*, New Series, Vol.4, No.16, pp.386-405
- Schwab, Klaus (2017) *The Fourth Industrial Revolution*, London: Portfolio/Penguin.
- Williamson, Oliver (1981) "The Economics of Organization: The Transaction Cost Approach," *American Journal of Sociology*, Vol.87, No.3, pp.548-577
- Williamson, Oliver (2002) "The Theory of the Firm as Governance Structure: From Choice to Contract," *Journal of Economic Perspectives*, Vol.16, No.3, pp.171-195
- Wollschlaeger, Dirk, Jones, Matthew and Stanley, Ben (2018) *Daring to be first: How auto pioneers are taking the plunge into blockchain*, IBM Institute for Business Value, http://www.ibm.com/thought-leadership/institute-business-value/report/autoblockchain

第2章

- Gelernter, David (1991) *Mirror Worlds*, New York: Oxford University Press, Inc.

第3章

- International Energy Agency (2018) *World Energy Outlook 2018*, Paris: IEA Publications
- Ma, Richard et al. (2019) *Fundamentals of Smart Contract Security*, New York: Momentum Press
- Okabe, Tatsuya. et al. (2019) "Development of Blockchain Technology to Protect Mobility Data and Traceability Data," *Denso Technical Review*, Vol.24 2019, pp.42-52 (in Japanese)
- Sachs, J., Schmidt-Traub, G., Kroll, C., Lafortune, G., Fuller, G. (2019) *Sustainable Development Report 2019*, New York: Bertelsmann Stiftung and Sustainable Development Solutions Network (SDSN)
- Tapscott, Don and Tapscott, Alex (2016) *Blockchain Revolution: How the technology behind bitcoin and other cryptocurrencies is changing the world*, New York: Portfolio/Penguin.
- United Nations, Department of Economic and Social Affairs, Population Division (2019) *World Population Prospects: The 2019 Revision*, https://population.un.org/wpp/
- World Commission on Environment and Development (1987) *Our Common Future*, https://sustainabledevelopment.un.org/content/documents/5987our-common-future.pdf
- 吉田寛『市場と会計 人間行為の視点から』春秋社、2019年

第5章

- Harper, Gavin et al. (2019) "Recycling lithium-ion batteries from electric vehicles," *Nature*, Vol.575, pp.75-86

宝があったため、これを祝して三井姓に改めたと伝えられている。星野〔1968〕及び三井広報委員会ホームページより。https://www.mitsuipr.com/history/edo/01/ （2020年7月26日アクセス）

2. 滋賀県近江八幡市安土町は、イタリア・ロンバルディア州マントヴァ市（Mantova）と姉妹都市提携を結んでいる。16世紀に、天正遣欧使節が安土の町が描かれた屏風絵をローマ法王に献上するため、マントヴァ公国（当時）を訪問したことに歴史的由来がある。

3. 江戸中期（18世紀半）の蒲生郡日野町で、中井源左衛門という「日野商人」が、総勘定元帳に相当する「大福帳」などの帳簿を編み出し、複式決算構造をもつ帳合法が成立した。これはドイツ式総合簿記法に相当し、その発祥は中井家の方がドイツより早かった。この近江発祥の簿記会計システムは「中井家帳合法」として、諸国で商売をする日野商人たちにより日本全国に広まった。

4. ヴァリニャーノ神父は、イエズス会の公用語であるラテン語とラテン語文学だけでなく、日本文化に適応して日本語と日本古典文学、日本文化や習慣を生徒に学ばせるという、当時の欧州では見られない「適応主義」をセミナリオの教育に採り入れた。

5. 「三方よし」は、滋賀大学経済学部教授の故小倉榮一郎氏の著書「近江商人の経営」（1988）で初めて記された造語である。一概に「近江商人」と言っても、高島商人（16世紀末から台頭）、八幡商人（17世紀初頭〜）、日野商人（18世紀初頭〜）、湖東商人（19世紀半ば〜）という系譜があり、時代によって活動様式が異なる。「三方よし」の精神につながる考え方は、とりわけ、琵琶湖東岸の彦根・高宮・豊郷・愛知川（えちがわ）・五箇荘（ごかしょう）を本拠とする湖東商人の間で良く聞かれたものであった。その考え方が文章化されたものは、五箇荘の麻布商・中村治兵衛が宝暦4年（1754年）に書き記した家訓「宗次郎幼主書置」第7・8条や、豊郷の初代伊藤忠兵衛（1842-1903）の座右の銘に見られる。

April, 2020, https://www.theblockcrypto.com/linked/63493/chinese-tech-giant-tencent-launches-blockchain-accelerator-program（2020年7月16日アクセス）

7. 姚立伟, "百度发布"区块链智慧城市"规划 四大试点在落地中," *网易科技*, 8 November, 2019, https://tech.163.com/19/1108/18/ETFSF8MI00097U7R.html#（2020年7月16日アクセス）
8. Tsai Yi-chu and Frances Huang, "Taiwan intent on becoming global blockchain technology hub," *Focus Taiwan CAN English News*, 2 July, 2018, https://focustaiwan.tw/sci-tech/201807020027（2020年7月15日アクセス）
9. 郭建志, "區塊鏈大聯盟 七月成軍," *工商時報*（Commercial Times）, 15 June, 2019, https://ctee.com.tw/news/policy/105776.html（2020年7月15日リリース）
10. Bris, Arturo et al. (2019), 8ページから引用
11. "BiiLabs ID System based on IOTA supports Taipei on the way to Smart City," Public IOTA, https://publiciota.com/biilabs-id-system-based-on-iota-supports-taipei-on-the-way-to-smart-city（2020年7月15日アクセス）
12. 台湾BiiLabsの2018年11月15日付プレスリリース https://prtimes.jp/main/html/rd/p/000000003.000038637.html（2020年7月16日アクセス）
13. 2020年6月15日、ウェブインタビュー
14. Shalini Priya, "Can Blockchain be next big disruption for Indian auto sector?," *The Economic Times*, 29 April, 2020, https://auto.economictimes.indiatimes.com/news/auto-technology/can-blockchain-be-next-big-disruption-for-indian-auto-sector/75419241（2020年7月16日アクセス）
15. 川村力, "韓国、釜山をブロックチェーン特区に。文在寅大統領は「国の生き残りかけた規制緩和」と発言," *Business Insider*, 1 August, 2019, https://www.businessinsider.jp/post-195698（2020年7月16日アクセス）
16. Park Sae-jin, "Sejong City to establish blockchain-based autonomous vehicle trusted platform," *Aju Business Daily*, 8 May, 2020, http://www.ajudaily.com/view/20200508135754098（2020年7月16日アクセス）
17. Felipe Erazo, "South Korean Government Labels Blockchain a Golden Opportunity," *Cointelegraph*, 17 April, 2020, https://cointelegraph.com/news/south-korean-government-labels-blockchain-a-golden-opportunity（2020年7月16日アクセス）

あとがき

1. 琵琶湖の湖東にある鯰江（なまずえ）に居城を構えた、「三井家の遠祖」である三井越後守高安は、1568年、主君の六角佐々木氏が織田信長との戦いに敗れ、浪人となって伊勢に移住した。その子・三井高俊は、近江日野出身で豊臣秀吉に仕えた松坂城主・蒲生氏郷の勧めで武士を捨て、商人となった。高俊の商店は、父・高安の「越後守」から「越後殿の酒屋」と呼ばれた。三井高俊の子・三井高利が江戸に進出し、現在の東京都中央区に呉服店越後屋（現・三越）を1673年に開店。1683年、現在の三越本店所在地に店を移し、日本最古の銀行・三井両替店（後の三井銀行）を併設した。「三井越後屋」（三越・三井銀行）が三井財閥・グループのはじまりである。史実による確証はないが、平安時代の関白太政大臣・藤原道長の後裔である藤原右馬之助信生が1100年頃、京都から近江に移住した際に、琵琶湖の領地にて三つの井戸を見つけ、そこに財

8. Cox Automotive (2018) 2018 Car Buyer Journey Study, https://www.coxautoinc.com/learning-center/2018-car-buyer-journey-study/
9. Luca Mentuccia et al. (2015) *Driving Automotive Growth through Opportunities in the Digital World*, Acccenture.com, https://www.accenture.com/t20150618T023950__w__/us-en/_acnmedia/Accenture/Conversion-Assets/LandingPage/Documents/3/Accenture-Auto-Digital-PoV-FY15-On-Line-Version.pdf%20-%20zoom=50
10. 米Amazonの2020年6月26日付プレスリリース https://blog.aboutamazon.com/company-news/were-acquiring-zoox-to-help-bring-their-vision-of-autonomous-ride-hailing-to-reality（2020年7月15日アクセス）

第7章

1. 宇沢〔1976〕、79ページから引用
2. "Bologna metropolitana fa (di nuovo) una Bella Mossa," *Comune di Bologna*, 3 April, 2018, http://www.comune.bologna.it/news/bologna-metropolitana-fa-di-nuovo-una-bella-mossa（2020年7月15日アクセス）
3. 以下から引用。" How Bologna encouraged 15,000 people to ditch their cars," BetterPoints.uk, 9 October, 2017, https://www.betterpoints.uk/blog/watch-this-video-that-shows-how-much-italian-users-love-betterpoints（2020年7月15日アクセス）
4. "A MOBI Vision: Car Wallets, Tokens, and the New Economy of Movement," *Youtube*, https://www.youtube.com/watch?v=ik_WeitjvGM
5. Caldecott, Ben eds. (2018), 16ページから引用

第8章

1. ドーナツ経済モデルとは、その名の通りドーナツ型に図式化された経済モデルである。地球環境の許容範囲の中で（ドーナツの外輪）、社会的な欲求を充たしながらも（ドーナツの内輪）、持続可能な経済的発展を実現させる（一番美味しいドーナツの生地の部分）というものである。GDPの成長に依存せずに、貧困問題や環境問題を解決しつつ、豊かで幸福な社会を構築するための、全く新しい経済モデルとして世界的に注目されている。なおラワース氏はブロックチェーンの推進派である。第7章でも触れたが、サーキュラーエコノミーとブロックチェーンとの親和性が高いからである。
2. ソニーの2020年4月23日付プレスリリース https://www.sony.co.jp/SonyInfo/News/Press/202004/20-030/（2020年7月15日アクセス）
3. Von Nils Wischmeyer, "Bitcoin-Hype vorbei? Egal!," *Süddeutsche Zeitung*, 25 July, 2018, https://www.sueddeutsche.de/digital/digitale-waehrungen-bitcoin-hype-vorbei-egal-1.4067323（2020年7月15日アクセス）
4. 2020年2月19日、ドイツ・ベルリンのOcean Protocolオフィスでのインタビュー
5. 成岚，"习近平在中央政治局第十八次集体学习时强调 把区块链作为核心技术自主创新重要突破口 加快推动区块链技术和产业创新发展，" *新华网* (Xinhuanet.com), 25 October, 2019, http://www.xinhuanet.com/2019-10/25/c_1125153665.htm（2020年7月15日アクセス）
6. Yilun Cheng, "Chinese tech giant Tencent launches blockchain accelerator program," *The Block*, 29

第5章

1. 2020年2月21日、ドイツ・オッフェンバッハ（Offenbach am Main）のHonda R&D Europe (Deutschland) GmbHでのインタビュー
2. 2019年11月13日に米ロサンゼルスで開催したMOBI国際会議（MOBI Colloquium）における、ホンダのプレゼン資料を著者が和訳
3. 2020年5月7日、ウェブインタビュー
4. 以下から引用。" Smart E-Mobility Challenge 2019 - Electric Vehicle Charging Use Case," Youtube, https://www.youtube.com/watch?time_continue=4&v=XuXcQPSzk5E&feature=emb_title（2020年7月15日アクセス）
5. 以下から引用。"吉野彰・旭化成名誉フェロー 会見," 日本記者クラブ, 20 December, 2019, https://www.jnpc.or.jp/archive/conferences/35542/report（2020年7月15日アクセス）
6. Harper, Gavin et al. (2019), 75ページから引用
7. Chandler, David L. (2020) "Solar energy farms could offer second life for electric vehicle batteries: Modeling study shows battery reuse systems could be profitable for both electric vehicle companies and grid-scale solar operations," *MIT News*, 22 May, 2020, http://news.mit.edu/2020/solar-energy-farms-electric-vehicle-batteries-life-0522（2020年7月15日アクセス）

第6章

1. George Lin, "BiiLabs and TransIOT Drive Blockchain Technology into Usage-Based Insurance (UBI)," *IOTA News*, 23 May, 2019, https://iota-news.com/biilabs-and-transiot-drive-blockchain-technology-into-usage-based-insurance-ubi/（2020年7月15日）
2. 以下から引用。" sgCarMart and Ocean Protocol partner to build Singapore's first Know-Your-Vehicle secure data marketplace," *PR Newswire*, 5 July, 2019, https://www.prnewswire.com/news-releases/sgcarmart-and-ocean-protocol-partner-to-build-singapores-first-know-your-vehicle-secure-data-marketplace-300880264.html（2020年7月15日リリース）
3. Lanna Cooper, "Mercedes-Benz leverages on blockchain for secure data tracking," Electric Specifier, 29 August, 2019, https://www.electronicspecifier.com/products/design-automation/mercedes-benz-leverages-on-blockchain-for-secure-data-tracking（2020年7月15日）
4. Danny Nelson, "Sri Lanka's Central Bank Calls for Blockchain-Based KYC Proposals," *CoinDesk*, 2 December, 2019, https://www.coindesk.com/sri-lankas-central-bank-calls-for-blockchain-based-kyc-proposals（2020年7月15日）
5. 2017年8月7日、スリランカ・コロンボのスリランカ自動車輸入業協同組合（Vehicle Importers' Association of Lanka）でのアシリ・ダヤン・メレンチゲ副会長（Asiri Dayan Merenchige）へのインタビュー
6. 独Volkswagen AGの2020年4月3日付プレスリリース https://www.volkswagen-newsroom.com/en/press-releases/volkswagen-with-virtual-motor-show-for-the-first-time-5942（2020年7月15日アクセス）
7. Belinda Parmer, "Oi car salesmen: it's time to talk to women, not just their 'husbands'," *The Telegraph*, 26 June, 2014, https://www.telegraph.co.uk/women/womens-life/10925075/Oi-car-salesmen-its-time-to-talk-to-women-not-just-their-husbands.html（2020年7月15日アクセス）

6. Dumitru Vasilescu, “Here comes the sun⋯ to relieve you from the burden of electricity bills,” *United Nations Development Programme*, 25 April, 2018, https://www.eurasia.undp.org/content/rbec/en/home/blog/2018/here-comes-the-sun-to-relieve-you-from-the-burden-of-electricity.html（2020年7月14日アクセス）

7. Moonyoung Joe, “Adopting a cedar tree brings diaspora money home,” *United Nations Development Programme*, 7 February, 2019, https://www.undp.org/content/undp/en/home/blog/2019/adopting-a-cedar-tree-and-bringing-diaspora-money-home.html（2020年7月14日アクセス）

8. Laurie Goering, “Red Cross boosts disaster-prone communities with blockchain ‘cash’,” *Thomson Reuters Foundation News*, 26 November, 2019, https://news.trust.org/item/20191126123058-xtxvz/（2020年7月14日アクセス）

9. Nick Szabo, “Formalizing and Securing Relationships on Public Networks,” https://www.fon.hum.uva.nl/rob/Courses/InformationInSpeech/CDROM/Literature/LOTwinterschool2006/szabo.best.vwh.net/formalize.html（2020年7月14日アクセス）

10. Okabe, Tatsuya. et al. (2019) から引用。

第4章

1. Puraphul Chandra, “3 ways you can prepare your supply chain for the posy-COVID-19 economy,” *World Economic Forum*, 6 April, 2020, https://www.weforum.org/agenda/2020/04/supply-chains-leadership-business-economics-trade-coronavirus-covid19/（2020年7月14日アクセス）

2. Linda Lacine, “Thoughtful blockchain implementation is key to improving supply chains in a post-COVID world,” *World Economic Forum*, 28 April, 2020, https://www.weforum.org/agenda/2020/04/blockchain-development-toolkit-implementation-supply-chains-in-a-post-covid-world/（2020年7月14日アクセス）

3. 香港CargoSmartの2020年4月7日付プレスリリース https://www.cargosmart.com/en/news/GSBN-shareholders-pilot-innovative-cargo-release-application-in-shanghai.htm（2020年7月14日アクセス）

4. 2020年7月21日、米SyncFabのデニス・デルガド共同創設者兼CPO（Dennis Delgado）へのウェブインタビュー

5. 北山浩透，福田智文，“鉱物資源の「責任ある調達」に取り組むRSBN,” *IBM*, 30 September, 2019, https://www.ibm.com/blogs/solutions/jp-ja/consortium-supported-blockchain-applications-responsible-sourcing/（2020年7月14日アクセス）

6. Tracy Francis and Fernanda Hoefel (2018) ‘*True Gen’: Generation Z and its implications for companies*, McKinsey Insights, November 2018, https://www.mckinsey.com/industries/consumer-packaged-goods/our-insights/true-gen-generation-z-and-its-implications-for-companies#（2020年7月14日アクセス）

7. Davide Sher, “Italian hospital saves Covid-19 patients’ lives by 3D printing valves for reanimation devices,” *3D Printing Media Network*, 14 March, 2020, https://www.3dprintingmedia.network/covid-19-3d-printed-valve-for-reanimation-device/（2020年7月14日アクセス）

8. 2020年7月28日、ウェブインタビュー

注　釈

第1章

1. René Höltschi, “Bosch-Chef: «Möglicherweise ist der Zenit der Automobilproduktion überschritten»,” *Neue Zürcher Zeitung*, 30 Jan, 2020, https://www.nzz.ch/wirtschaft/bosch-chef-zenit-der-autoproduktion-moeglicherweise-ueberschritten-ld.1537237?reduced=true（2020年7月13日アクセス）
2. Wollschlaeger, Dirk, Jones, Matthew and Stanley, Ben (2018), 2ページから引用
3. Schwab, Klaus (2017), 155ページから引用
4. 以下から引用。”Driverless cars are stuck in a jam,” *The Economist*, 10 Oct edition, 2019, https://www.economist.com/leaders/2019/10/10/driverless-cars-are-stuck-in-a-jam（2020年7月13日アクセス）

第2章

1. 村山恵一, “AppleのクックCEO「ARが次のプラットフォーム」,” 日本経済新聞, 11 Dec, 2019, https://www.nikkei.com/article/DGXMZO53200090Q9A211C1MM8000/（2020年7月13日アクセス）
2. 2020年6月10日、ウェブインタビュー
3. 2020年2月19日、ドイツ・ベルリンのKaufhaus des Westensでのインタビュー
4. Toh Ee Ming, “The Singapore firm using blockchain tech to build a smart city,” *Tech in Asia*, 14 Aug, 2019, https://www.techinasia.com/singapore-firm-blockchain-tech-build-smart-city（2020年7月14日アクセス）

第3章

1. Tapscott, Don and Tapscott, Alex (2016), 126ページから引用
2. Michael del Castillo, “Secretary-General Says United Nations Must Embrace Blockchain,” *Forbes*, 28 Dec, 2019, https://www.forbes.com/sites/michaeldelcastillo/2019/12/28/secretary-general-says-united-nations-must-embrace-blockchain/#46c797a11379（2020年7月14日アクセス）
3. “Gains in Financial Inclusion, Gains for a Sustainable World,” *The World Bank*, 18 May, 2018, https://www.worldbank.org/en/news/immersive-story/2018/05/18/gains-in-financial-inclusion-gains-for-a-sustainable-world?cid=ECR_TT_worldbank_EN_EXT（2020年7月14日アクセス）
4. Marina Petrovic, George Harrap and Jamshed Kardikulov, “”From Russia to Tajikistan”: changing the way money moves,” *United Nations Development Programme*, 25 July, 2017, https://www.eurasia.undp.org/content/rbec/en/home/blog/2017/7/25/-From-Russia-to-Tajikistan-changing-the-way-money-moves.html（2020年7月14日アクセス）
5. International Energy Agency (2018), 5ページから引用

深尾三四郎

ふかお・さんしろう

伊藤忠総研産業調査センター 上席主任研究員　兼
モビリティ・オープン・ブロックチェーン・イニシアティブ（MOBI）理事

1981年東京・目黒生まれ。98年に経団連奨学生として麻布高校から英ユナイテッド・ワールド・カレッジ（UWC）のアトランティック校（Atlantic College）へ留学。2000年に同校卒業後、独フォルクスワーゲンのヴォルフスブルグ本社でインターンシップを行い、自動車産業に関心を持つ。03年英ロンドン・スクール・オブ・エコノミクス（LSE）を卒業、二酸化炭素排出権取引と持続可能な開発（Sustainable Development）を学び、地理・環境学部で環境政策・経済学士号を取得。同年野村證券入社、金融研究所に配属。05年から英HSBC（香港上海銀行）での自動車部品セクターの証券アナリストに従事し、08年米StarMine（Thomson Reuters）Analyst Awards日本自動車部門2位受賞（銘柄選別）。09年から米国及び香港のヘッジファンドで日本・韓国・台湾株のシニアアナリスト。機関投資家としてスマートフォンの黎明期と液晶モニター、太陽電池の進化を目の当たりにした。浜銀総合研究所を経て、19年8月より現職。MOBIでは19年8月に顧問（Advisor）、20年1月に理事（Board Member）に就任。日本コミュニティの活動を統括し、アジア全域の会員拡大にも貢献。国内外で自動車産業とイノベーションに関する講演、企業マネジメント向けセミナーを多数実施。著書に『モビリティ2.0』（日本経済新聞出版社、2018年）。

クリス・バリンジャー

Chris Ballinger

モビリティ・オープン・ブロックチェーン・イニシアティブ（MOBI）
共同創設者兼最高経営責任者（CEO）

1957年米ペンシルベニア州フィラデルフィア生まれ。80年米アマースト大学（Amherst College）卒業。レーガン大統領経済諮問委員会で国際貿易のエコノミストを務めた後、85年米カリフォルニア大学バークレー校（UC Berkeley）で経済学の修士号を取得。金融工学の専門家として米バンク・オブ・アメリカでシニア・ヴァイス・プレジデントを務める。08年から17年までトヨタ自動車の金融子会社であるトヨタモータークレジット（TMCC）で最高財務責任者（CFO）。14年から17年まではトヨタファイナンシャルサービス（TFS）でグローバルイノベーション部門のトップ（Global Head of Innovation）を兼任。17年からトヨタリサーチインスティテュート（TRI）でCFO及びモビリティサービス部門長（Head of Mobility Services）として、次世代モビリティサービスの構築に従事した。TRIを退職し、18年5月にMOBIを創設。国際カンファレンスで自動車及びブロックチェーンに関する基調講演を多数実施。

モビリティ・オープン・ブロックチェーン・イニシアティブ

Mobility Open Blockchain Initiative（MOBI）

2018年5月2日に設立された、モビリティにおけるブロックチェーン、分散台帳技術及び関連技術の標準化と普及を推進する世界最大の国際コンソーシアム・非営利組織（NPO）。全世界に100以上の会員企業・組織を抱え、メンバー企業が中心となった分科会（Working Group）の運営、全世界での国際会議（Colloquium）の開催、SNSを活用した教育・啓蒙活動を行っている。「輸送をより環境に優しく、より効率的で、そして、誰にとってもより身近なものにする（Make transportation greener, more efficient and more affordable）」をモットーにする。

<主要メンバー企業・組織>

自動車業界：米ゼネラルモーターズ（GM）、フォード、独BMW、仏ルノー、ホンダ、現代自動車、独ロバート・ボッシュ、コンチネンタル、ZF、デンソー、マレリ、米KARオークションサービス等。

金融・保険業界：USAA（全米自動車協会）、AAIS（全米保険サービス協会）、RouteOne、あいおいニッセイ同和損害保険等。

IT・インフラ・コンサルティング業界：米アマゾンウェブサービス（AWS）、IBM、日立製作所、PG&E、アクセンチュア等。

国際・政府系組織：WEF（世界経済フォーラム）、米Noblis、中国交通運輸部科学研究院、シンガポールTribe Accelerator、スイスCrypto Valley Association等。

学術・技術標準化機関：IEEE（米国電気電子学会）、SAE International（米国自動車技術者協会）、SEMI（国際半導体製造装置材料協会）、Enterprise Ethereum Alliance（イーサリアム企業連合）、Blockchain at Berkeley（カリフォルニア大学バークレー校ブロックチェーン学生団体）、伊トリノ工科大学等。

ブロックチェーン業界：Hyperledger、ConsenSys、Trusted IoT Alliance、IOTA財団、Tezos財団、DAV財団、DLT Labs、Ocean Protocol、米R3、Ripple、Reply、Quantstamp、NuCypher、Filament、SyncFab、英Fetch.AI、独Car eWallet、スイスLuxoft、オーストリアRiddle&Code、スウェーデンブロックチェーン協会、シンガポールkoinearth、豪ShareRing、中国CPChain、台湾BiiLabs、カウラ等。

<分科会>

1. 車両ID（Vehicle Identity : VID）　2019年7月、世界初のVID標準規格を発表
   第Ⅰ期　座長（Chair）：ルノー　副座長（Vice Chair）：フォード
   第Ⅱ期　座長：BMW　副座長：フォード
2. 利用ベース自動車保険（Usage-Based Insurance: UBI）
   座長：あいおいニッセイ同和損害保険
3. EVと電力グリッドの融合（Electric Vehicle to Grid Integration: EVGI）
   2020年8月、世界初のEVGI標準規格を発表
   座長：ホンダ　副座長：GM
4. コネクテッドモビリティ・データマーケットプレイス（Connected Mobility and Data Marketplace: CMDM）
   座長：GM　副座長：デンソー
5. サプライチェーン（Supply Chain: SC）
   座長：BMW　副座長：フォード
6. 金融・証券化・スマートコントラクト（Finance, Securitization and Smart Contracts: FSSC）
   座長：RouteOne　副座長：Orrick, Herrington & Sutcliffe LLP

モビリティ・エコノミクス

ブロックチェーンが拓く新たな経済圏

2020年10月15日　1版1刷

［著者］
深尾三四郎　クリス・バリンジャー

［発行者］
白石 賢

［発行］
日経BP
日本経済新聞出版本部

［発売］
日経BPマーケティング
〒105-8308　東京都港区虎ノ門4-3-12

［ブックデザイン］
野網雄太

［本文DTP］
朝日メディアインターナショナル

［印刷・製本］
三松堂印刷

ISBN978-4-532-32365-3
Printed in Japan